LA CUISINE, C'EST AUSSI DE LA CHIMIE

廚房聖經

每個廚師都該知道的知識

磨菇丁

麵條

別用叉子翻炸肉，
否則肉汁和味道都會流失。

肉質將會變得乾柴

將十分珍貴的
高湯保留備用

鋁箔紙將保留下蛋中水分所蒸發出來的濕度

干貝

香蒜醬

香蒜醬

香蒜醬

Arthur Le Caisne

前言

在尚未進入主題之前，我想先感謝幾位人士短期或長期的慷慨相助。沒有他們，這本書恐將無法付梓。

我最該感謝的人，當然是我的未婚妻瑪希娜。多年來，她忍受著卻也支持著我那些離經叛道的想法，沒有她的支持，這本書將無法見天日。她真的擁有無比的勇氣！謝謝妳，寶貝，妳是我生命中的陽光！

我也要感謝，在我執筆過程中一路上相遇的某些人，他們毫不保留地傾囊相授，對於我的種種疑問，不僅提供寶貴時間與資訊回答，更將其常年工作與研究的祕訣相傳，激發出我無數的靈感。再次感謝！

艾維 · 提斯（Hervé This）

啊……艾維·提斯！我終究是因為他才提筆寫這本書的啊！為了那些有眼不識泰山者，我稍微介紹一下：艾維·提斯是一位物理化學家，也是聞名全世界的分子料理大師。事實上，正是他和尼古拉·克提（Nicolas Kurti）創立了分子料理這個新科學流派。分子料理，這些字眼讓人感到害怕啊！人們隨即映入腦海的是一個化學實驗室，廚房裡擺滿了奇奇怪怪的儀器。但事實上根本不是這回事，完全不是！

分子料理，講的不是料理，而是科學：那是研究烹飪過程中各種現象與運作的一門科學。簡單舉例來說，就是研究為何煎牛排時，牛排會變色，又是如何變色的？為何肉的外層會變得酥脆美味？在香煎過程中，為何會出現白煙？在靜置時，為何熱度仍會持續滲入肉的中央部位等等問題。換言之，艾維·提斯與他的整個團隊以科學的方法研究著我們的烹飪過程中究竟發生了哪些現象。

但請注意，他不是廚師喔，儘管他真的能燒出一手好菜，同時也是個細膩的美食家，但他仍是個不折不扣的科學家、一位研究者，他所感興趣的是物理化學，是分享他的所知、他的創新與發明。

多年來他的大幫手皮耶‧加尼葉主廚（Pierre Gagnaire）總能獲知艾維‧提斯的第一手新發現，並用來研發出新的創意菜色或改良其他料理。

不僅如此，艾維‧提斯也是一個充滿熱情與魅力的人，他的大腦以每小時 2000 轉的速度運行著，當你跟他說話時，他在回應的當下，除了思考著自己正在說的內容，並儘可能延伸答案的深度，再以反問做結。我超愛他的！

伊夫瑪希‧勒‧布東多奈克 (Yves-Marie le Bourdonnec)

他啊，是個怪胎，是個純真的人，可大家都愛他，他可以教你如何讓肉在 90 天內熟成，一個瘋狂的傢伙啊！但能夠供肉給多位如艾倫‧杜卡斯（Alain Ducass）這般等級的三星主廚，那就得有真本事了。伊夫瑪希熱衷於養殖過程：他會追蹤每位供肉養殖販的養殖歷程，協助他們有所進步，並親自挑選肉隻。他也是首批在法國販售著名和牛的肉商之一。在他的兩家肉店中，你可以預定尚無法提供食用，仍處熟成期的肉塊，正如預定未上標好酒一樣。怪有格調的，不是嗎？

吉爾‧維侯 (Gilles Verot)

臘肉之王啊！榮獲法國多項臘肉獎冠軍的臘肉大師，其出品的肉醬具有令人難以置信的細緻度，其火腿入口即化，乳酪亦讓人讚不絕口……但你可別以為臘肉產業，不過就是處理那些油膩膩的肉。吉爾‧維侯與妻子卡德希娜可把專業發揮到前所未有、淋漓盡致的境界。這就是完美主義者的堅持：他的烹煮溫度必須絲毫不差，需在特定濕度下烹煮。新的菜色得試過 10 次、20 次、30 次，直到完美才定案。在與丹尼爾‧布律德（Daniel Boulud）這位美國三星大廚聯手合作之後，在紐約與倫敦都可以嘗到吉爾‧維侯的臘肉囉。衝吧！

傑哈‧維衛司 (Gérard Vives)

傑哈‧維衛司是個辛香料大師，如假包換的喔！街角蔬果鋪裡賣的辛香料哪能相提並論啊。他，就像是「印第安那瓊斯」，是辛香料的尋訪者，對胡椒尤其著迷。他可以跑遍世界各地為我們尋找最好的辛香料。就連安娜蘇菲‧皮克（Anne-Sophie Pic）與奧利維‧羅林格（Olivier Roellinger）都成為他的死忠粉絲。讓我們任由他的熱情引導，徜徉在植物令人陶醉的氣息當中吧，你將發現沙勞越特級白胡椒、印度馬拉巴爾海岸的黛莉雪莉黑胡椒、印度尾胡椒與長胡椒的迷人之處。讓我們隨著他的熱情啟航，挑選絕妙的胡椒吧！

瑪莉 ‧ 卡特歐姆（Marie Quatrehomme）

始終一抹微笑掛在嘴邊的她，是幸福的親切化身。當你與她擦身而過時，你完全感覺不到她竟是乳酪界罕見的女性專家，亦是法國最佳工藝獎（MOF）的第一位女性獲獎者。她與其夫婿亞蘭先生尋訪各地鍾情於乳酪製造的小製造商，只為挑選出最優質的乳酪，珍藏於她的地窖中熟成，讓它在最完美的時刻與我們相遇，瑪莉‧卡特歐姆深諳如何讓我們探索陌生的乳酪風味與令人難以言喻的口感，難怪頂級餐廳的桌上總有她的乳酪。沒有三兩三，怎能上梁山呢……就讓這位傑出的女性帶著我們遨遊乳酪殿堂吧。

謝謝！

Merci!

作者序

我的朋友們會做料理，我的另一半也會下廚，我的女兒與姪女相繼也走入了廚房，如今大家都動手烹飪，而我掌廚也 30 年了。

我 9 歲那年，就隨著媽媽在廚房裡做美乃滋，事實上我只是為了利用剩餘的蛋白來做些蛋白雪霜餅解饞。但我隨即趁機做了不少實驗，試了一些蠢方法和一些妙方，別人怎麼說，我就試著做做看，有時會成功，但並非萬無一失，有時完全事與願違！我不停地自問，為何某個方式可行，某個方法卻行不通。為什麼？為什麼？為什麼？於是，我試著去尋找答案⋯⋯也因此烹飪中的化學現象深深吸引我的注意力。

化學，是躲不開的。再說了，當我們略懂這種廚藝化學、烹飪中的化學現象，我們的廚藝是會大大長進的。

當我到別人家作客，有件事我會不由自主地去做，就是去瞄一下冰箱裡的東西，去看一下廚房裡的櫥櫃，或是把鼻子探入燉鍋中聞一聞⋯⋯無可否認地，只要瞄冰箱一眼，就可以馬上了解主人家的個性：冰箱擺了什麼？怎麼擺放的？當我瞧一眼煮好的餐點，有時會因此感到悲傷：一隻超棒的農場烤雞，雞腳朝上擺在烤箱中，吸飽油脂的馬鈴薯躺在炒鍋裡，我已可預知雞胸肉將會是乾柴難嚥、雞腿肉甚至會是帶血未熟，而馬鈴薯也會過於油膩。為了避免刺傷我的東道主，關於這些物理化學關鍵，我當然保持沈默。但只要一個不起眼的小動作，就可讓油膩的餐點幻化成美味的饗宴。

有一天，我對自己說，或許將我的經驗與人分享，簡單地解說一下我們烹飪的過程中食材發生了哪些變化，會是一件有趣的事：為何同樣烤一隻雞、煮一條魚、煎一塊牛排，有的好吃，有的令人難以下嚥？究竟其中的關鍵為何？為何有人烤羊腿烤了 5 個小時還能保持肉軟美味多汁，有人烤了 2 小時，就把羊腿給烤得乾柴難嚼？為何烤箱溫度有時要設定在 240℃，而非 160℃，有時又是相反呢？為何雞皮會變得酥脆？為何有些人做出的炸馬鈴薯不僅軟軟的，又油膩膩，但有些人做出來的卻是金黃酥脆又爽口？

那些主宰著食物美味與否的關鍵，那些祕而不宣的訣竅，全在這本書中！

噹噹！
上菜囉⋯⋯！！

目錄

Part 1
知識篇：烹飪須知
│進廚房前你該知道的事│

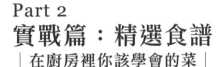

Part 2
實戰篇：精選食譜
│在廚房裡你該學會的菜│

Part 1

知識篇：烹飪須知

| 進廚房前你該知道的事 |

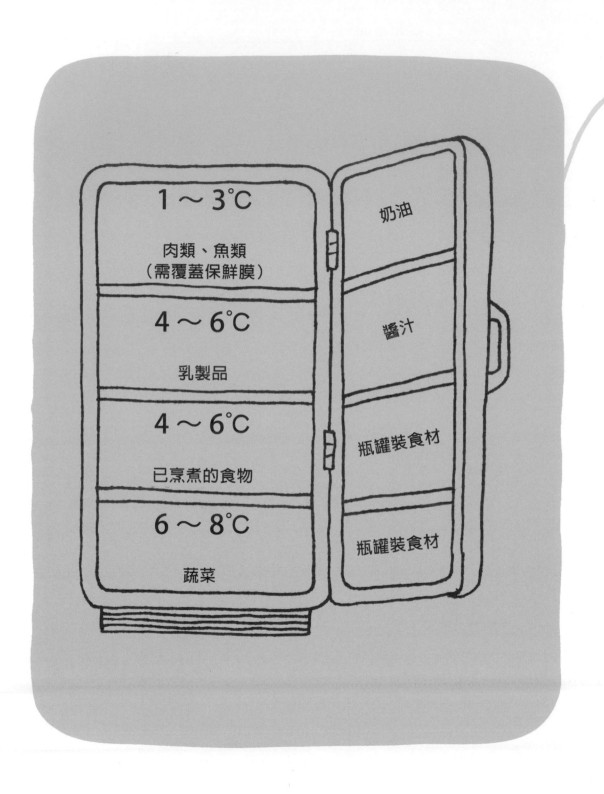

冰箱裡的食材該如何擺放？

食材可不能亂放啊！其位置必須依照食材屬性與維持該食材良好鮮度所需的冷度而定。例如：生鮮魚肉需要放在最冷的地方，而奶油放在最不冷的地方即可。看看前頁圖示，你將會找到將食材擺入冰箱冷藏室裡的最佳方法。

幾項簡單且重要的遵循規則：

● 確認冰箱冷藏室恆溫 4℃，這是保鮮的絕佳溫度。

● 請將優格從瓦楞紙盒中取出後冷藏，其他食材也請拆除促銷包裝盒後再放入冷藏室中。將食材連同包裝紙盒一起冷藏，僅會空耗電力罷了。

● 採購完後，請儘速將食材放入冰箱冷藏，以免細菌滋生。

● 不要不停地打開冰箱門，否則熱空氣流入冰箱，數秒內就足以讓冷藏室的溫度上升好幾度，若要再次降溫，可得花上數十分鐘呢。

● 不要在冷藏室裡擺放過多的食材，否則食材將無法全數冷藏，因為空氣無法流通，食材的冷藏效果將會打折扣。

● 千萬別把熱騰騰的食物放入冰箱中冷藏，否則冰箱內部溫度將會提高好幾度，要讓冷藏室溫度降至 4℃，可得耗上好幾個小時呢，而細菌也會趁機迅速孳長。

● 把已開罐的罐頭或食用期限已接近的食材放在最醒目的地方，以免因為擺放位子不起眼，而錯失食用良機。

● 請經常清理冰箱，至少每星期使用白醋擦拭 1 次（可抑制異味與細菌滋生），每月以洗碗精清洗 1 次。

● 有效期限是針對未開罐使用的食材所設定的，因為未動用的食材處於中性氣壓狀態，換言之，該食材受氣體保護而免受腐壞。一旦開罐之後，通常需在 2～3 天內食用完畢。

● 關於你自己烹調的料理，請謹記「2」的原則：烹煮後 2 小時內需放入冰箱冷藏，而且需在 2 天內食用完畢。

● 放入冰箱冷藏的蔬菜水果切勿先行清洗：濕潤度將會加速腐壞。

● 請使用保鮮密封盒來儲存乳酪這類型食材。

● 每 3 個月替冰箱除霜 1 次，可避免額外的電力損耗。

冷凍庫裡的食材該如何擺放？

簡單且重要的第一要則在於將食材分類擺放：細分成肉類區、魚肉區、蔬菜區、冰品區、甜點區。

冷凍你自己料理的食物：

● 使用冷凍保鮮袋，是最簡單也最實用的方式，因為你將可以直接連同袋子把食物放入微波爐或甚至放進熱水鍋中加熱。

● 當你將食材放入保鮮袋密封前，請用手加壓，將袋中空氣擠出，如此一來，可節省所占空間。

● 你亦可將冷凍袋擺入塑膠盒中存放。

● 在每個冷凍袋上，寫上冷凍日期與內容物名稱；袋中內容物難以辨認的情況，時常發生呢。

● 當冷凍食材表面已結霜，那麼此食材也該丟了：這代表該食材已冰凍過久或變質。

● 每當你要將已烹調食物放入冷凍庫時，請將較為新鮮的擺至後方（或下面），並請優先食用前排（或上面）食物。

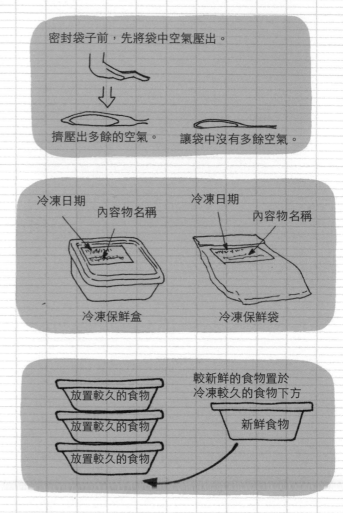

密封袋子前，先將袋中空氣壓出。

擠壓出多餘的空氣。　　讓袋中沒有多餘空氣。

冷凍日期　　內容物名稱　　　冷凍日期　　內容物名稱

冷凍保鮮盒　　　　　　冷凍保鮮袋

較新鮮的食物置於冷凍較久的食物下方

放置較久的食物

放置較久的食物

放置較久的食物

新鮮食物

● 每年別忘了使用洗碗精清洗冷凍庫 1 次。最簡單的方法：清洗前兩天，先將冷凍庫的溫控器溫度調至最低溫，好讓所有的冷凍食材可降至接近零下 26℃。清洗前 1 天（清洗前 24 小時），也請將冰箱冷藏室溫度調降至最低溫。把冷凍庫清空，將冷凍食材放至冷藏室中。關閉冷凍庫電源，將冷凍庫門打開，讓溫度上升，當冷凍庫略微升溫，即可開始清洗內部，要充分擦乾水分，以免日後底層或庫壁結冰。重新啟動電源，把冷凍食材放入。請注意：需迅速完成，以免食材在冷藏室中退冰，2 小時乃是上限喔。

你精心烹調的食品，其冷凍保存期限
（市售冷凍食品保存期限更長）

麵包：1 個月
魚類：5 個月
豬肉、羊肉、小牛肉：6 個月
蔬菜與水果：8 個月
牛肉、家禽、野味：12 個月

● 最佳的退冰方式是將冷凍食材放至冷藏室中退冰，我知道這得花上好幾個小時，但退冰速度愈慢，食材風味愈棒。

● 假如你想要將冷凍麵包放入烤箱中回溫，建議你先將麵包迅速淋點兒水，這個動作的確讓人感到訝異，但卻很合乎邏輯：當麵包回溫時，表面水分將會蒸發，麵包表皮將會變得非常非常乾，並且脆裂。因此在表皮上淋點兒水，就可避開上述狀況，你的回鍋麵包將有如現烤出爐般美味……

● 還有一個超實用的妙招：將冷凍庫內容物全寫在一塊記事板或是紙上，把板子或記事紙貼掛在廚房裡，如此一來，一眼就可看出庫存量，不僅可避免經常開啟冷凍庫，還能避免重複購買相同食材，也可讓你更輕易構思出食材的烹煮方式。

櫥櫃裡的必備用品

擁有了這些基礎調味料，你只需在烹煮前購買生鮮食材，幾乎所有的菜色都難不倒你囉。豪氣地選購優質食材吧！優質食材的上等香氣，將更省使用量，到頭來，你所花費的價錢和購買平庸品所付出的金額是不相上下的。

油
特級冷壓初榨橄欖油（上上之選）、葵花籽油、葡萄籽油（可耐高溫，適合用來油炸）、麻油

醋
巴薩米克醋（道地的巴薩米克醋，香氣十足啊）、葡萄酒醋、雪利酒醋（Xérès）、糯米醋

鹽
粗鹽、細海鹽（鹽的章節中將告訴你為何要慎選鹽）、鹽之花

胡椒
黑胡椒、白胡椒與胡椒粒。胡椒粉是以最爛的胡椒顆粒所研磨而成的

醬汁
醬油
梅林辣醬油
（Worcestershir）

芥末醬

迪戎黃芥末、綠胡
椒風味芥末、龍蒿
風味芥末

米

印度香米
（Basmati）、
燉飯用圓米

糖

白砂糖
二砂糖
糖粉

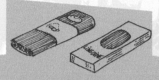

麵條

義大利麵、長扁義大利麵
筆尖麵、貓耳朵義大利麵

麵粉

高筋麵粉（最便宜，而且適用範
圍相當廣泛）

新鮮香草植物

百里香、月桂葉、香
芹、紅蔥頭、黃皮洋
蔥、紫皮洋蔥、
大蒜

整顆去皮的
番茄罐頭

乾燥蕈菇

辛香食材與乾燥香草

辣椒、肉豆蔻仁、奧勒岡草、
肉桂、小茴香（孜然）、
芫荽籽

必備工具

在首批該採購的器具當中，最該投資的是烤箱用測溫儀與油鍋測溫儀。烤箱用測溫儀可讓你了解烤箱的控溫器是否精確，並且掌握食材的中心溫度，以確定煮熟與否。而油鍋用測溫儀則是油炸時的完美絕配。

要了解你的烤箱精確溫度的最簡單方法，就是將 200cc 的油放入烤盤中，以每個刻度烘烤 10 分鐘後，再用烤箱用測溫儀測量，你就會知道自家烤箱烘烤刻度標記與測溫儀上所顯示的兩者落差了。

烤箱溫控器的刻度與溫度範圍

1. 35 ～ 40℃
2. 50 ～ 60℃
3. 90 ～ 100℃
4. 120 ～ 130℃
5. 150 ～ 160℃
6. 180 ～ 190℃
7. 210 ～ 220℃
8. 240 ～ 250℃
9. 270 ～ 280℃
10. 300℃

你若想在廚房裡使出十八般武藝，那麼以下就是工具必備清單。不要猶豫地購買刀具與優質的成套鍋具吧：就長遠的角度來看，你鐵定是贏家。湯鍋、炒鍋、鑄鐵燉鍋的品質會大大影響料理的成果，寧缺勿濫啊！

刀具

- 刃長 25 公分的硬刃主廚刀
- 刃長 25 公分的軟刃魚刀
- 刃長 25 公分的鋸齒刀
- 刃長 8 公分的蔬果小刀
- 刃長 11 公分的硬刃去骨刀
- 刃長 10 公分的細齒刀
- 手搖絞肉器
- 磨刀棒

電器用品

- 電子秤
- 拌打器
- 研磨攪拌機
- 油炸鍋
- 食物料理機

廚房用具

- 蔬果研磨器 1 個
- 果皮磨刀 1 支
- 蔬果削皮刀 1 支
- 蘋果去核刀 1 支
- 生蠔刀 1 支
- 規格不同的湯杓 2 支
- 規格不同的細目網篩 2 個
- 金屬濾盆 1 個
- 濾杓 1 支

- 翻肉夾 1 支
- 4 面粗細不一的刨絲刀 1 支
- 壓蒜器 1 個
- 切蒜器 1 個
- 規格不同的橡膠鍋鏟 2 支
- 規格不同的木匙 5 或 6 根
- 刷子 1 把
- 研缽 1 個
- 規格不同的拌打棒 3 根

- 榨汁器 1 個
- 沙拉瀝水器 1 個
- 擀麵棍 1 根
- 軟質蔬果薄片刨刀 1 支
- 規格不同的凹槽攪拌碗
  （cul de poule）3 個
- 規格不同的砧板 2 塊，
  其中 1 塊需附有槽溝
- 烤箱用測溫儀
- 油鍋用測溫儀

成套系列鍋具

鍋具需夠沉重，並且能直接送入烤箱烘烤，底部需是雙層銅製。

- 不鏽鋼大平底鍋 2 個（因
  為這種鍋子才留得住肉
  汁）
- 不鏽鋼小平底鍋 1 個
- 不沾平底鍋 1 個
- 規格不同的湯鍋 4 個（含
  鍋蓋）
- 直徑不同的炒鍋 2 個（含
  鍋蓋）

- 8 公升燉鍋 1 個（含鍋蓋）
- 規格不同的鑄鐵燉鍋 2 個
  （含鍋蓋）
- 鑄鐵烤盤 1 個
- 蒸氣鍋 1 個
- 規格不同的舒芙蕾烤模 2 個
- 規格不同的焗烤盤 2 個
- 規格不同的烤盤 2 個
- 置於烤盤上的烤架 1 個

- 長方形肉醬瓦盆 1 個
- 規格不同的蛋糕烤模 2 個
- 規格不同且底部可拆解的
  派餅烤盤 2 個
- 規格不同的單人份陶瓷烤
  碗 2 套

食材中的水分含量

烹煮時最重要的關鍵之一就是水。為什麼呢？道理很簡單啊，因為平均而言，食物本身80%是水。

精確的含水率：
- 肉類 60 ～ 80%
- 魚類 80%
- 蔬菜 80 ～ 95%
- 水果 80 ～ 95%

舉例來説：
- 烤肉時，通常會冒一縷白煙，這道白煙，就是水蒸氣：加熱時，肉中所含的水分蒸發所致。

- 當你烘烤一隻重達 1.8 公斤的雞時，等於烹煮雞肉中所含 1.2 公斤的水。烹煮 1 公斤的番茄，等於烹煮 0.9 公斤的水。

- 魚肉會變柴，是因為肉中水分蒸發所致。

- 烤雞雞皮變得酥脆，是因為表皮水分蒸發所致。同理可證，炸薯條之所以表面金黃乾爽酥脆，也是因為表層水分在油炸過程中蒸發了。

- 油封羊肩肉在歷經 4 小時以 120 ～ 140℃的溫度燒烤，可烤出軟嫩多汁的口感，正因為肉內層溫度不超過 60 ～ 70℃，其所含水分幾乎沒有蒸發掉，所以肉質不會變得乾柴。

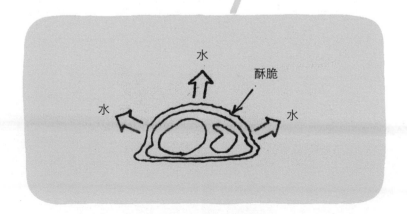

證明完畢

正如我們洗好衣服後，就得讓衣服變乾，當我們把衣服放至烘衣機中，水分蒸發後，被單自然就乾囉。

烹飪界運用的也是同樣的原理。

當我們烹煮食材時，我們一加熱，食材中所含的水分就會蒸發掉。烹煮的溫度與時間，將視水分蒸發多寡而定。

旋風烤箱中的風扇會震動烤箱內的熱氣，產生風動，食材將會更迅速變乾。因此，最好避免使用旋風烤箱。

火候愈強，食材中的水分蒸發愈多，你的料理就愈乾柴難吃。

好了，現在你終於了解食材中所含水分的重要性了吧？

水的熱度（以海平面為方位基準）：

● 室溫：20℃
● 體溫：35 ~ 40℃
● 碰觸時略感到熱度，開始出現水蒸氣的溫度：55℃
● 水開始滾動、微微抖動的溫度：70 ~ 80℃
● 小水泡開始浮上水面的溫度：85℃
● 微滾的溫度：90 ~ 95℃
● 水煮開的溫度：100℃
● 鹽水的滾水溫度：103 ~ 105℃

補充資訊：海平面的滾水溫度為 100℃，位於海拔高度 2000 公尺的滾水溫度為 93℃，白朗峰上的滾水溫度為 850℃，而海拔 20000 公尺的滾水溫度則是 38℃

鹽

鹽並不是一種味覺增強劑，而是一種風味調整劑！當你在某種味苦的食材上撒上糖，那麼苦味將會降低，這種方法用在苦苣上頭是可行的，但是假如你用鹽來取代糖，那麼，苦味降低的程度將會更明顯。事實上，鹽會減弱某些風味，同時凸顯其他的味道。

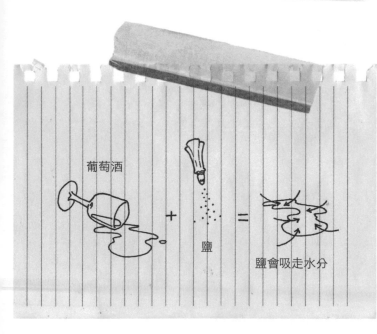

葡萄酒 + 鹽 = 鹽會吸走水分

鹽在使用上必須非常非常小心！我解釋給你聽，正如鹽會吸走某部分翻倒在餐巾上的酒的道理一樣，當你在食材撒上鹽，鹽就會吸收食材中某一部分水分，也因此吸走了某一部分的味道，而這濕潤的鹽必然與烤箱、燉鍋或是烤盤的熱度相遇，造成水分蒸發。當我們烹飪時，溫度通常會高於 100℃，鹽所吸取的濕潤水分會連同某部分味道一起蒸發掉，因而讓食材更為乾硬，也讓你無法做出美味料理。

想像一下你正在燒烤肉塊。當你在肉上撒鹽，肉中的水分（以及部分味道）將會被鹽吸走，某一部分的肉汁將會被吸到肉的表層，與烤箱的熱度相接觸，當肉汁因此蒸發時，其結果如下：

● 肉質將會變得更為乾柴，因為某部分的肉汁已蒸發。
● 因為肉變得更乾，所以肉質將會變得更硬。

這很可惜，不是嗎？一切只因為你加了鹽！

那麼，烹煮前永遠不加鹽巴囉！事實上，這有點兒複雜，因為這一切還得視食材的屬性與纖維方向而定。再說了，鹽滲入肉塊的速度也不過是每小時 1 公釐的前進速度。但是，我們還是簡化一些，別吹毛求疵把事情弄複雜了。反正，烹煮前別加鹽就是了。

人們經常說，在煮開一湯鍋水之前，不要加鹽，否則加熱時間會更久。這的確是真的，但就一鍋 5 公升的水來說，額外的加熱時間也不過是 5 秒鐘！所以，做你想做的吧，這一點兒也不重要。

頂級的海鹽是鹽之花，它們是一種漂浮在鹽田表面上的細緻結晶，這也正是「鹽之花」命名的由來。這種鹽充滿香氣，龜毛如我，總會選用來自於英國馬爾頓城（Maldon）的鹽之花，它呈現白色厚片狀，有點兒像雪花，需要較長的時間才會溶解，而且非常具有脆度，可以增添料理上的口感。趕快試試看吧！

不要購買精鹽，最好選用海鹽或鹽之花。我們經常可以在大賣場買到的精鹽，事實上是採白於礦山或是採石場的鹽，就像我們萃取土裡的鑽石一樣，這種鹽源自於 1 億 5 千萬年前蒸發的海水！這是這種鹽的歲數。你將會了解其味道是無法與新鮮海鹽相提並論的，這種精鹽，是一種陳年的鹽啊……

說到溶解鹽的方法，這裡有一個小小的祕訣。為了避免鹽直接溶解在食材上，也為了保持它的脆度，我們可以小心翼翼地將它與些許橄欖油拌勻。如此一來，每一顆鹽將會裹上一層非常薄的油膜，而這層油膜將防止鹽直接與食材的水分接觸，也可避免食材吸收鹹度，避免鹽一下子就溶解了。這一招，可是艾維·提斯的密技喔。

胡椒（粒）

胡椒是香料之王，是所有香料中使用率最高的。胡椒可以提高一道菜的質感，搭配使用，讓料理更具層次感。

研磨胡椒粉跟真正的胡椒粉是沒得比的。研磨胡椒粉沒有味道、沒有香氣，只是會辣而已，而且都是由最爛的胡椒粒、胡椒殘渣與灰塵所構成！當我們在曝曬胡椒粒的過程中，什麼亂七八糟的東西都有可能混在裡頭。胡椒擁有微妙的風味，一旦研磨之後，此風味極為容易消失。正如人們所說的：「研磨後的胡椒，等於毀掉的胡椒。」

胡椒不耐大火烹煮，燒烤或火烤均不宜。它不耐高溫，以過高的溫度加熱會燒出焦味，因此**千萬不要**在燒烤或烘烤步驟前在牛排、羊腿、魚菲力或蔬菜上撒上胡椒，這是不合理的做法，也將會使你的料理產生一股焦苦味。以下幾種較為溫和的料理過程即可使用胡椒：蒸氣料理、蒸烤紙包裹烹調、隔水加熱、文火煨煮或是醃漬料理。在高溫烹煮的菜色中，將胡椒直接撒在大餐盤上或是你自己的盤裡，其效益將會有千倍以上。

胡椒也不耐長時間浸泡在熱液體中，依據某些研究，胡椒粒並不適合在液體中「浸泡」超過 8 分鐘。真的！真的！這是化學研究耶，是多位研究學者歸納出來的結論，事實上，胡椒的特性與茶葉有點兒類似，想想看，當你把茶包靜置在熱水中超過 10 分鐘，或是更長的時間，甚至於半個小時，那麼，你的茶將會變得十分濃烈，而且具有苦澀味，真的不是很好喝。胡椒的狀況也很雷同，假如你把胡椒粒浸泡在液體中過久（例如煮蔬菜牛肉鍋時，先行放入胡椒浸泡在裡頭），那麼，這道菜色將會變得又苦又嗆。

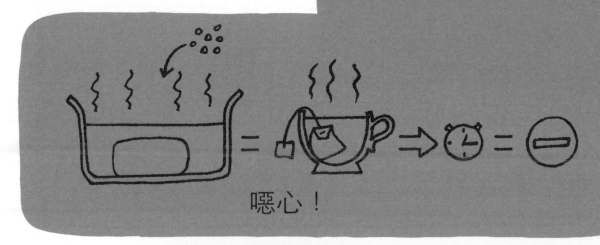

噁心！

試著找到一間好的香料店、找個嚴謹經營的香料商，你將會在他的店裡找到不同的胡椒粉，有著迥異的風味與大相逕庭的使用方式。胡椒擺放在密封包裝裡，存放於乾燥陰暗處，至少可保存 1 年以上，因此，你大可每次買上 1 年份胡椒。網路上也有很棒的辛香料商：你也可利用這種方法買到好胡椒。

我們往往會依照料理的不同，使用不同的油品或是不同的醋，所以大膽使用各種不同類型的胡椒吧。我們大致把胡椒分為四大種類：

- **綠胡椒**：這種胡椒採擷時呈現綠色，屬於成熟前的胡椒，具有濃郁果香，辣味不重，帶有新鮮的風味，但是保存期不長，往往以脫水或是真空包裝。
- **黑胡椒**：當綠胡椒稍微成熟、略為變黃時，將其採擷烘乾，胡椒就會改變顏色，轉成黑色。黑胡椒辣味重，帶有「暖熱」的味道，其風味與其他種類的胡椒大不相同。
- **白胡椒**：胡椒成熟時所採擷的果實，帶有橘紅色，採後隨即浸泡水裡數天，再剝除外皮層，加以曬乾。胡椒粒在曬乾過程中變成白色，辣味要比黑胡椒輕，香氣濃郁。
- **紅胡椒**：人們任由胡椒在樹叢上熟透，因此它會變得有如櫻桃般深紅。這種胡椒相當罕見，因為胡椒種植商比較喜歡採擷尚未成熟的胡椒。其使用方法與黑胡椒類似，但是，紅胡椒的辣度極高。

還有些果實也叫「胡椒」，但卻不盡然真的是胡椒，例如：極美味且具有香氣，來自中國的四川花椒；還有我們稱為「玫瑰果」，與其他辛香料混合使用的粉紅椒；亦或是嗆辣的牙買加辣椒，當然，種類還不只這些。胡椒的辣味集中在果實外部，香氣則存於果實中心。假如你使用完整的胡椒顆粒去料理，那麼，你將利用不到它的香氣，只是用到它的辣度而已，這是很可惜的。因此，當你醃漬食物時，不要使用完整顆粒的胡椒，而需用刀柄將胡椒顆粒壓碎，如此一來，胡椒將可以釋放出所有香氣，與你的餐點相應合。

胡椒磨得愈細，愈只會讓人感受到它的嗆度，但卻沒有香氣。所以我的胡椒研磨器始終定在較粗的顆粒刻度，如此一來，胡椒心內的香氣才會釋放出來。

假如你只使用一種胡椒，那麼就選用白胡椒粒吧。這種胡椒適用於所有的菜色，而且在餐點上看不出痕跡。

別忘了，用胡椒搭配草莓、覆盆子或櫻桃，味道相當美味喔。跟西洋梨、桃子、哈密瓜、巧克力蛋糕或咖啡蛋糕也是絕配呢……
優質胡椒是不會讓人打噴嚏的！那是包覆在壞胡椒四周的灰塵引人打噴嚏的，會讓人咳嗽打噴嚏的胡椒就該丟掉了！

梅納反應

這是烹飪界最重要的反應作用！是廚師們最祕而不宣的伎倆！

路易‧卡密爾‧梅納（Louis Camille Maillard）是法國化學家，他於西元 1912 年發表了這項以他自己的名字為名的反應作用：「梅納反應」。這是一種會釋放出香氣，讓烤肉、烤羊腿、烤魚、煎魚、烤蔬菜或生火腿變化成漂亮顏色的反應作用，它還會釋放出麵包外皮的風味。正因這種反應，當你經過正在烤雞的肉店之前，你才會聞到烤雞的香氣。

❶ 簡單來說，加熱會讓食材中的糖分與含蛋白質的胺基酸釋放出一種反應，在此反應作用下，上述分子的鍵聯作用將會創造出新的分子，而這個新分子會帶有些許顏色與酥脆感，也因此帶來了味道。

假如你利用某種油脂來創造出這種反應作用（例如：你用澄清奶油來煎牛排，或是用鵝油來煎馬鈴薯），那麼，油脂分子將會和醣與胺基酸兩者所創造出來的分子相結合，料理因此變得十分美味。

溫度愈高，梅納反應就會愈加速：因為分子的移動速度更為迅速，朝向各個方向移動，也會經常碰撞，而且碰撞力會更強大，食材因而變色，風味就會釋放出來。

你若能創造出梅納反應，你就能釋放出料理的香氣。就拿雞來作例子吧：假如你煮雞湯，單純熬煮，當然也會有味道，但是你若把牠放到烤箱烘烤，那麼風味就會更濃厚。當你經過一家烤肉店時，你會聞到香氣，而這種香氣正是由梅納反應所引起的。

❷ 好了，你現在應該知道什麼叫做梅納反應了吧？

燒烤到的部位，
進行梅納反應。

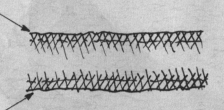

1

燒烤到的部位，
進行梅納反應。

嗯！……
聞起來好香啊！

2

聞起來沒那麼香……

燒烤到的部位，
梅納反應強。

沒有燒烤的部位，
梅納反應薄弱。

幾個重要祕訣

為什麼我們總是用木匙攪拌呢？對味道會有所影響嗎？

一點兒也不！你大可使用不鏽鋼匙！結果是一樣的！使用木匙的好處在於不會刮傷鍋面，如此而已！

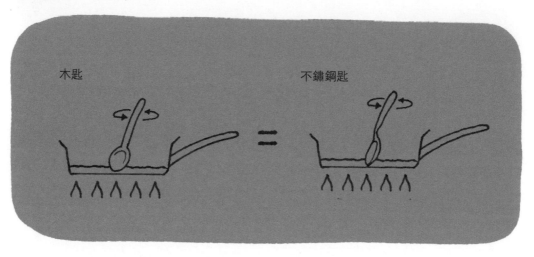

木匙　　　　　　　　　　　　　　不鏽鋼匙

使用攪拌棒攪拌和使用湯匙攪拌，兩者有何不同？

攪拌棒會讓攪拌物產生小氣泡，若以湯匙攪拌，氣泡較少，因為攪拌棒會將更多的空氣打入食材中，以改變食材原味，因此用攪拌棒拌打蛋白，要比湯匙更容易打出蛋白霜！一試見真章喔！

假如你們像我這麼龜毛，就得注意，拌打愈久，油脂味愈重；拌打時間愈短，愈能凸顯原味，因此，千萬別拌打美乃滋太久，以免滿口油膩膩的味道。

薄底鍋和厚底鍋的加熱烹調效果相同嗎？

是的，但也不完全如此，這還得視金屬材質而定。薄底鍋的熱度傳導不多，厚底鍋的散熱效果較好。薄底鍋會呈現某個位置溫度較高，某些區塊溫度較低的現象，烹煮加熱狀況較不均勻。使用一把爛鍋子，你將永遠無法煮出好料理的……

為什麼香草蔬菜要經過細切呢？

因為香草蔬菜的味道全部集中在葉面上，而非在食材外部，也不是在葉梗上。正因如此，必須將香草食材的尾部去掉，並且細切葉片，以盡量利用香草蔬菜的香味與香氣。某些香草蔬菜甚至會更為脆弱、不耐久煮，就如細洋香蔥一樣。

油

橄欖油的品項依照味道的不同而有所細分：有青澀的果香味、成熟的果香味、黝黑的果香味，其用途各異其趣。建議你嘗過不同的味道後，再做選擇吧……

水沒有乳化劑的作用，是無法與油相溶的，鹽也無法在油中溶解。

味道只會經過嘴巴嗎？當然不只！

當你咀嚼某種食物時，你會將嘴裡所擁有的味道與上竄至鼻中的香氣相結合。正因如此，當你鼻塞的時候，你會覺得食物的味道比較淡了。

再舉一個技術層面的例子：假如你把食物 A 放在食物 B 上頭，當你吃下去時，你會感受到某種風味。但是假如位置錯置，把食物 B 放在食物 A 上面，那麼你感受到的又會是另一種味道，因為從你口中蔓延出來的氣味是不同的，大主廚們常常玩這一招呢。

幾個有趣的須知祕訣

當你咀嚼某種略帶油脂、軟嫩耐嚼的食物時，這時油脂會略微地覆蓋口腔壁面，香氣將會長時間留在嘴裡。但相反的，假如你品嘗的是一種缺乏油脂的食物，那麼香氣會很快釋放出來，但也更容易消失，味道殘留在嘴裡的時間會更短。

假如你咀嚼口感扎實的食物，當你咀嚼愈久，就愈容易產生唾液，同時也會增加食物體積，如此一來，就會有更多釋出香氣的空間，也因此，香氣就會大大釋放在嘴裡，並且上竄至鼻腔中。彷彿你把食物留在嘴裡的時間愈長，香味分子釋放出的數量就愈多。

年長者的味覺是否較弱？

的確，這個現象令人感到難過，但我們也無能為力。當我們咀嚼的時候，牙齒施用在食物上，用來咀嚼的壓力是會被傳遞到大腦裡的，而這種壓力傳導也包含了味覺傳導，當我們上了年紀，這種壓力的傳導會變少，因此我們感受到的味道會較淡薄。

為什麼我們會俗稱「汽車引擎」為「磨令古」（moulin 法文字意：研磨器）呢？

因為標緻汽車（寶獅汽車）在開始量產汽車之前，是製造胡椒研磨器的，因此當汽車公司推出第一個汽車引擎時，人們還覺得引擎發出的是研磨器的聲響呢！

肉塊烹煮過後要讓它靜置，是為了讓肉放鬆嗎？

那為什麼不乾脆擺放一顆抗焦慮劑在肉上，讓它放鬆呢？肉塊並不會緊張好嗎？因為它已經被煮熟了，開什麼玩笑嘛！肉的外層之所以變乾，是因為熱度的效用（肉本身水含量接近 80%），某部分的肉汁蒸發掉了，因此肉塊就會變得乾硬，因為它已不再多汁。讓肉塊靜置，是為了讓這個乾燥的區塊可以吸取位於肉塊中央部位的部分肉汁，重新變得多汁軟嫩，它並不是緊張啊，真是個可憐蛋！

天啊，烹煮魚類或肉類時，可千萬別在肉上加壓啊！

否則你將會煮出堅硬如石的料理，假如你在肉塊上加壓，不管是魚類或肉類，這個肉塊都將會變得更硬。想想看雪球的道理吧：你愈用雙手壓雪球，雪球就會愈硬，就烹煮食物來說也是同樣的道理……

水在幾度時蒸發？

我將為你們解開謎團，但只說一次喔！
水在任何溫度下，都是具有飽和蒸氣壓力的，是會噴發的，不是嗎？好，這也意味著水就算結凍了，也還是會蒸發水分……煮開的水會蒸發，而在高山上的冰塊也會蒸發水分，正因如此，有時你會在冷凍庫裡頭看到結霜，那是因為儲存在食材或是冰塊當中的水氣蒸發而造成結霜現象！

食材的水含量約占整體的 60 ～ 95%

正如我們煮一湯鍋的水，水氣會蒸發，當我們烹煮食材時，某一部分的水分也會在加熱中蒸發掉。假如你使用的是密封式燉鍋烹調，那麼水分將會留在燉鍋裡，重新落回食材上。假如你是使用平底鍋掀蓋烹煮，那麼水氣將會釋放在空氣中。假如你使用略為低溫的火候來料理食材，那麼食材就會留住絕大多數的水分，因而保持多汁軟嫩的狀態。

優質鑄鐵鍋的鍋蓋祕密

優質鑄鐵鍋鍋蓋下有一些汲水釘，這些汲水釘將會集取水蒸氣，加以凝結，重新變回水，滴落至食材上，重新滋潤食材。因此，以這種鑄鐵鍋煮出來的料理將會十分軟嫩。

關於油

用平底鍋煎魚或肉時，別在鍋裡加油。油的功用為何呢？當然是為了提高梅納反應效能與避免沾鍋。但是，當你把油倒進鍋裡時，絕大多數的油可都使不上勁兒，因為此時的油，並非介於食材與鍋面之間，而是貼近正在焦化的那一面，而且正燒出臭味……倒不如直接滴幾滴油在食材上，用手將油均勻抹在食材表面，如此一來，就足以讓梅納反應起作用，做出低油脂、少酥炸，無焦味的好料理。

為什麼將肉翻面時，不能用叉子去叉肉？

想像一下假期的第一天吧：到處塞車，而所有的車子都必須通過某個隧道才能出城……這對肉塊來說，也是同樣的現象。當你把叉子插在肉塊上，你將會破壞細胞，肉汁就會藉由這些孔洞竄出，就像是要衝出隧道的車子一樣。如此一來，你將會煮出一塊又乾又硬的肉。

所有的人都離城去度週末囉

小週末夜

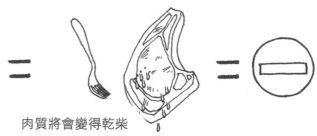

別用叉子叉住肉，
否則肉汁和味道都會流失。

肉質將會變得乾柴

先嘗嘗味道吧！

我好幾次發現有些人在烹煮過程中並不會先嘗味道，往往等到煮完後才對成品感到失望！在烹煮時，就嘗嘗味道吧！你所使用的某些食材，有時跟廚師他們用的會有些許不同，但往往就是這樣的差異改變了所有的味道，有時味道過重，也可能過淡。嘗嘗味道這個步驟，可以讓你根據自己手邊的食材來調整料理。我常常都會中途改變菜色的……

保持熱度

給你一個好的建議：在你將煮好的熱食材擺入餐盤之前，先加熱餐盤。如此一來，你的大好廚藝將會呈現更棒的成果。假如你的料理是用烤箱烹煮，那麼，在你烘烤完料理之後，把餐盤放入烤箱中熱 1 分鐘。假如你是

用其他的方法烹飪，那麼就煮開一壺熱水，然後將熱水在餐盤上淋 2 分鐘，之後再充分拭乾餐盤。你將發現這樣真的好多了。

對某些傳統做法要存疑啊！
有些長久以來已經不用的招式，說實在的，現在也派不上用場了，真的是完全用不上了！例如：前輩說在煮瓦缽肉醬料理時（無論掀蓋與否），要在烤箱中以隔水加熱的方式、以 160℃ 以上的溫度燒烤。這是笨蛋的做法！我們再複習一下學校教的化學課吧！水的溫度是不會超過 100℃ 的（除非在某些非常特殊的情況下，就算超過也不會高出許多）。如此一來，瓦缽放入水中的部分其溫度將不會超過 100℃，因此，瓦缽上半部會以 160℃ 的溫度來烹煮，但隔水加熱的下半部卻是以 100℃ 的溫度加熱。

「噢！對呀！但是，事實上，我的如意算盤是：正因為水分會蒸發，所以烤箱裡頭就會略有水氣，那麼我的瓦缽肉醬料理就不會變得那麼乾。」最好是啦！除非瓦缽料理是掀開蓋子的，否則這也沒有用。但是，瓦缽掀蓋烹煮，情況更糟啊。

事實上，這是典型的錯誤示範，這一招根本不能用。瓦缽肉醬料理需要的是非常溫和的溫度，讓料理煮到透心熟。

從前的人以柴火加熱烤箱，委實難保精確恆溫，於是以隔水加熱的方式烹煮瓦缽肉醬料理，以確保就算烤箱溫度超過 200℃，放置於水中的瓦缽僅會受到 100℃ 的熱度烹煮。這是一種取巧的做法啊！再說了，假如你放在烤箱中的瓦缽沒有蓋上蓋子，在 100℃ 的溫度下隔水加熱，肉醬水分還是會蒸發掉，你的肉醬料理還是會變得乾乾的……

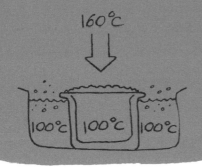

來，談談另一個根深蒂固的觀念吧……當你燒烤肉塊時，會在表面烤出一層鎖住肉汁的硬層。「沒錯啊，這很符合邏輯，硬層可以防止肉汁外流嘛！」當然不是！事實上，肉汁沒有外流，是一種化學反應，和硬層無關。那層硬殼根本無法防止肉汁外溢，只要把這塊肉置於餐盤上 10 分鐘，你就會看到肉汁往外流囉……

切蔬菜的刀法不同，會影響其風味與口感嗎？

會！就以紅蘿蔔為例吧。假如我把紅蘿蔔整根放入鍋裡煮，那麼需時 30～35 分鐘才會熟，若是把紅蘿蔔切成大塊狀，那麼烹煮時間就可縮短許多，切得愈小，熟得愈快，更容易化為泥狀，但卻也更容易將味道煮入周遭的食材裡。正因如此，在「蔬菜牛肉鍋」這種需長時間燉煮的料理，紅蘿蔔通常需切成大塊狀。而熬湯底時，則需將紅蘿蔔切成小丁，因為熬煮湯底需時不長。

Part 2

實戰篇：精選食譜

| 在廚房裡你該學會的菜 |

牛肉

啊！牛肉！真是美味啊……不過，要慎選烹煮方式喔：拿煮蔬菜牛肉鍋的牛肉來煎，可是會令人難以下嚥的；若是拿牛腩肉來煮蔬菜牛肉鍋，那肉質可就又硬又無味了。

如今，牛的品種已剩下寥寥無幾，大多數都因為經濟因素而滅絕了。最經典的品種分別是亞基坦金牛（la Blonde d' Aquitaine）、薩爾斯牛（la Salers）或是夏洛利牛（la Charolaise），要不，就算閉眼任選巴薩德斯牛（Bazadaise），其肉質也是上選，當然，還有更優、但產量極少的梅藏克山區上等細緻含脂牛肉（le Fin Gras du Mézenc），其薄薄油花藏於肌肉中，吃在嘴裡，真是最單純的享受。對了，盎格魯撒克遜品種也是鐵定美味的啦，有白面牛（la Hereford）、安格斯牛（l' Angus）和長角牛（la Longhorn）。我個人私心偏好的是梅藏克山區上等細緻含脂牛肉和長角牛。問問看你的肉商偏好哪一個品種，也試著去找到我提到的這些品種，你會發現其中有相當大的差別喔。

還有一種相當傑出的品種：和牛。這種牛長到 6 個月以上，就以天然食材養肥，每天還可以喝 1 瓶紅酒，以增進其抗氧化效力。有些畜養者還會讓牠們聽音樂放鬆心情。日本神戶的和牛還喝啤酒呢！和牛肉質細緻，滿布油花，和一顆熟透的水蜜桃一樣嫩，吃進嘴裡，入口即化。和牛肉，在法國相當罕見，一公斤要價 200 歐元呢。對，200 歐元，你沒看錯！

其實，一般肉商賣的牛肉和我們想像的不一樣，幾乎都是母牛肉，而且是經過重新拼裝的乳牛肉，這種乳牛往往為了提供優質鮮乳餵養小牛，延至年邁才宰殺……

依照你要烹飪的料理慎選肉塊吧。牛身前半部的肉是用來煮蔬菜牛肉鍋或煨煮大雜燴的，至於後半部的牛肉則是給貴客吃的。這很合乎邏輯啊，一頭牛絕大部分的重量落於前半部，前肢承受的重量要比後肢重，所以肌肉較為緊實，結構不同，需時較久才能煮得軟嫩。

和牛

長角牛

白面牛

安格斯牛

肉質軟嫩

肉質硬實

＝ 560 公升水

試著找個優良的肉商吧，現今社會的確很罕見了，真找到了，你將會馬上發現好的肉商有什麼不同。優良肉商不只剖切肉塊，還必須知道如何慎選畜養農，甚至需要追蹤畜養履歷多年。他們會選擇善待動物的屠宰場，最後，還會用自己專門的手法來熟成肉塊。就像麵包和葡萄酒需要發酵一樣，肉塊需要經過熟成，才會呈現最佳的風味。

熟成肉塊，真的是行家的門道！他們依據動物所吃的食物去判斷能不能進行熟成作業。每個肉商有自己獨門的熟成技術，而這也是用來區別平庸肉商、優良肉商與行家老手的指標。一頭牛不同部位區塊的熟成時間不盡相同：前部位的肉幾乎均不需熟成，腿肉則需花上 20 天，腰部細肉與牛腩肉需時 30 天，腰內肉與肋排需時 40 天，而整支的大排骨甚至需要 90 天來熟成呢！這個工程，可不是人人都做得到的！肉塊經過 90 天的熟成，重量損失 60% 呢，你現在可以了解優質的牛肉為何價格昂貴了吧。

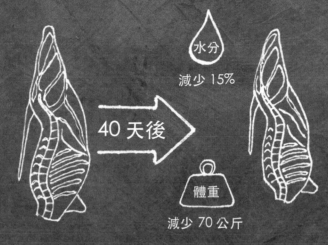

水分
減少 15%

40 天後

體重
減少 70 公斤

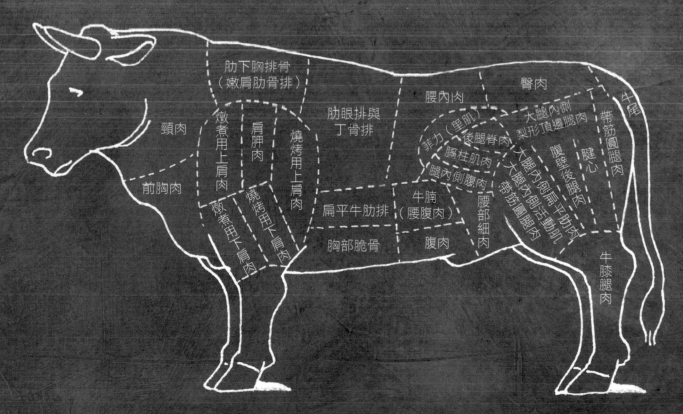

肋下胸排骨
（嫩肩肋骨排）

腰內肉

臀肉

肋眼排與
丁骨排

牛尾

燉煮用上肩肉

肩胛肉

燒烤用上肩肉

菲力（里肌）

後腿脊肉

大腿內側

梨形頂邊腿肉

帶筋圓腿肉

頸肉

膈柱肌肉

腱心

前胸肉

腿內側腹肉

大腿內側扁平活動肉

大腿外側圓腿肉

腹壁後腿肉

燉煮用下肩肉

燒烤用下肩肉

扁平牛肋排

牛腩
（腰腹肉）

腰部細肉

胸部脆骨

腹肉

牛膝腿肉

牛尾肉凍派
一道與好麻吉們分享的料理

我知道吃牛尾巴聽起來怪怪的，但真的很美味喔！
這道料理的真正祕訣在於肉凍派上桌前需再油煎上色一番。

---

6 人份，備料時間：20 分鐘，醃漬時間：24 小時，烹煮時間：4 小時 30 分鐘

食材：切成塊狀且用棉線綑綁的牛尾半根，取葉片切成細末狀的香芹 5 ～ 6 根，對半剖開的小牛蹄半支，橄欖油、海鹽、現磨胡椒粉。

醃漬用食材：切成細末狀的蒜仁 1 瓣，縱切剖開的月桂葉 1 片，削皮且切成厚圓塊狀的紅蘿蔔 2 根，去皮且切成細末狀的洋蔥 1 大顆，插在洋蔥上的丁香粒 1 顆，切成厚圓段狀的韭蔥 1 根，拍扁的蒜瓣 2 瓣，百里香 4 小株，紅酒 1 瓶

烹煮牛尾所需食材：橄欖油 2 湯匙，粗海鹽 1 茶匙

做法：

❶ 使用所有的醃漬食材醃漬牛尾，放入冰箱冷藏 24 小時。

烹煮前 1 小時，從醃漬醬中取出牛尾，用廚房餐巾紙將牛尾拭乾。

❷ 將 1 湯匙橄欖油淋在牛尾上，讓表面裹上一層薄油膜。以中火加熱鑄鐵燉鍋，鍋熱時放入牛尾，煎至表面金黃，再擺入盤中。將火候轉小，倒入 1 杯水，拌和鍋中肉汁，以文火持續拌煮 5 分鐘，讓肉汁收得更為濃稠。放入醃漬食材、香草料、半根的小牛蹄、牛尾，以及足以略微淹沒牛尾的水，繼續以低於微滾溫度的中火火候熬煮 4 小時。

用濾杓將肉塊與紅蘿蔔從湯中撈起，用鋁箔紙覆蓋肉塊與紅蘿蔔。

❸ 在濾盆上鋪一條濕布，將濾盆放至湯鍋上，倒入湯汁，加以過濾。

把小牛蹄的皮與軟骨組織去除，把肉切成小塊狀，放入沙拉盆中。把牛尾的骨頭去除，用叉子把去骨後的肉壓碎，放入裝有小牛蹄肉的沙拉盆中。把紅蘿蔔圓塊切成小丁狀，也放入盆裡。

以中火將過濾後的湯汁熬煮收汁成 1/2 的量，用以黏合所有的食材。

❹ 隨後舀起 2 大湯杓的濃縮醬汁，倒入盆中，再放入香芹葉末、撒點兒鹽與胡椒粉，充分拌勻。把剩餘的醬汁倒入碗中，放入冰箱冷藏，以備隔天之用。

❺ 將保鮮膜鋪在長方形蛋糕模底層，四邊保鮮膜均需高過糕模高度。

❻ 再將沙拉盆中所有食材倒入蛋糕模中，用保鮮膜加以覆蓋，壓實後，在上頭鋪上一塊木砧板，並以數罐罐頭加壓。兩小時後，拿下罐頭與

木砧板，將蛋糕模放入冰箱冷藏 24 小時。賓客蒞臨前 1 小時再將蛋糕模取出，拉起保鮮膜，將肉凍派脫模，小心別壓壞了。將肉凍派切成 3 公分厚度的片狀。

❼ 以文火加熱濃縮醬汁，一旦醬汁變熱，即可慢慢攪拌加入奶油，當奶油與醬汁拌勻，將小湯鍋放至一旁備用。

以大火加熱平底鍋，倒入 1 湯匙橄欖油，香煎肉凍派雙面各 1 分鐘。將雙面煎得金黃的肉凍派小心放入餐盤中，淋上些許醬汁，即可上桌囉。

> **美味小祕訣**
> ＊紅酒醃漬醬可軟化肉質。

> **烹調禁忌**
> ＊把胡椒加入湯中一起熬煮。

1

大蒜　月桂葉　韭蔥　丁香粒　洋蔥

紅酒　　　　　　　　　　　　　　　　　紅蘿蔔

牛尾

紅酒將軟化肉質，
讓肉能吸取醃漬食材的所有香氣。

2

半根小牛蹄將提供黏合
所有肉塊的動物膠質。

3

濕布可將蔬菜以及熬
煮成碎屑的小塊食材
加以過濾出來。

4

濃縮醬汁中含有小牛蹄
所釋放出的動物膠質，
將形成一層非常清爽且
香氣十足的凝膠。

保鮮膜

5

保鮮膜有助於脫模，
且不至於壓壞肉凍派。

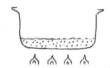
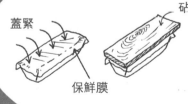

6

長方形蛋糕模

蓋緊　　　　砧板　　　　罐頭

保鮮膜　　　　　　　　冷藏 24 小時

肉凍派將擁有挺實的外觀。

奶油

7

濃縮醬汁香氣十足，
奶油將提供滑順口感。
做法簡單，不是嗎？

醬汁

泰式牛肉沙拉
一道充滿香氣且十分清爽的料理

這是全世界最美味的肉類冷盤沙拉了！讓人能夠毫不忌口地品嘗！我在泰國第一次吃到這道料理。最得我心的是食材所呈現的不同口感：大黃瓜的爽脆、近乎全生的肉片入口即化、番茄與芫荽的甜味、糖與醋的酸甜融合、檸檬的酸味提點……這是一道非常清爽、十分簡易卻也能讓賓客驚艷萬分的料理……記得多準備一些喔，賓客們可是會意猶未盡地多盛好幾次呢！

---

4 人份，備料時間：15 分鐘，烹煮時間：5 分鐘

食材：厚達 3 公分的**牛菲力切片**，去皮、去籽囊並切成圓薄片狀的**大黃瓜半根**，對半剖開的**櫻桃番茄** 12 顆左右，剝除外皮、剖切兩半，並切成細末狀的灰皮**紅蔥頭** 2 小顆，新鮮去梗的**芫荽（香菜）**半把，削除外皮且切成極薄圓片的**檸檬香茅** 2 根，榨汁用**青檸檬** 2 顆，**糖**半茶匙，**糯米醋**半茶匙（若無糯米醋，可用白醋取代），切成極小圓片狀的（新鮮）**辣椒** 1 小根，**橄欖油**、**粗海鹽**、**現磨胡椒粉**

做法：
烹煮前 1 小時，先把肉從冰箱中取出來。

將鑄鐵烤盤或平底鍋加熱至高溫，在肉的雙面各滴上 2～3 滴油，用手在肉上輕抹，讓肉片裹上一層薄油膜。

❶ 把肉片放上炙熱的烤架或平底鍋上，每面烤上 1 分鐘，用兩根湯匙翻面，以免在肉上刺出洞來。

❷ 只要稍微「炙熱一下」就可以了，保持內部未熟狀態。將肉片放至鋁箔紙上靜置放涼。

❸ 利用靜置空檔，處理蔬菜：削去半根大黃瓜的外皮，縱向剖切兩半，用湯匙挖除中間籽囊。

切成薄片，愈薄愈好。把櫻桃番茄對半剖開。先把紅蔥頭對半剖開，再切成細末狀。去除芫荽梗，取葉備用。摘除檸檬香茅上最老的葉子，把檸檬香茅心切成極薄薄片。

調製醬汁：將檸檬汁、糖、醋與辣椒細末拌勻，再加點兒鹽與胡椒粉調味。

❹ 先把大黃瓜片、番茄丁與紅蔥頭細末拌勻，淋上半量的醬汁，再次拌勻。

❺ **回頭處理肉片：**把肉塊片成極薄薄片，漂亮地擺在沙拉上頭，再撒上芫荽葉，淋上剩餘備用醬汁，端到賓客面前，包準他們目瞪口呆，去吧，你會驚艷全場的！

大絕招
＊烹煮前 1 小時將肉從冰箱取出。
＊以大火略微香煎肉片上色。

多此一舉的做法
＊上桌前，以鹽調味。
＊太早淋上醬汁。

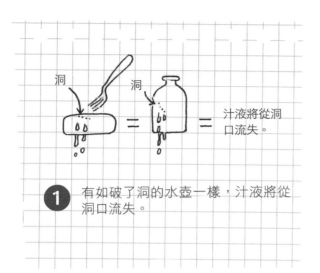

1 有如破了洞的水壺一樣，汁液將從洞口流失。

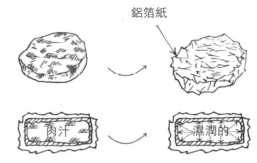

鋁箔紙

肉汁

濕潤的

2 烹煮後的肉塊外層已變乾。靜置時，原已變乾的外層將如同吸水海綿一樣吸取中心部位的肉汁。

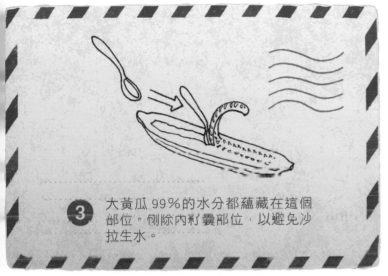

3 大黃瓜 99％的水分都蘊藏在這個部位，刨除內籽囊部位，以避免沙拉生水。

用手拌勻。

4 最簡單的攪拌方法，就是徒手攪拌喔。（記得先把雙手洗乾淨喔！）

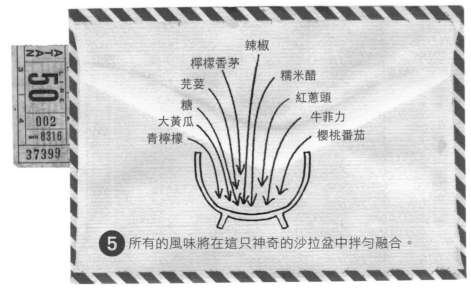

辣椒
檸檬香茅
芫荽
糖
大黃瓜
青檸檬
糯米醋
紅蔥頭
牛菲力
櫻桃番茄

5 所有的風味將在這只神奇的沙拉盆中拌勻融合。

IMMIGRATION
BANGKOK THAILAND
ENTRY DATE 21 FEB 2010

正宗韃靼牛肉

道地的韃靼牛肉喔！

我們若在餐廳裡點上一道韃靼牛肉，端上桌的往往是一份老早就切碎的牛肉，上頭端坐一顆蛋黃，淋了些油和洋蔥細末等等東西，真是亂七八糟！事實上，韃靼牛肉的成敗關鍵在於美乃滋的調製。你可有辦法在一堆碎牛肉中打出美乃滋呢？根本不可能啊！所以美乃滋要事先打好。當然，還得用菜刀切碎牛肉，千萬不能用絞肉機，你還可以在碎肉中添加些許的白蘭地、伏特加與帕馬森乳酪……。

---

4 人份，備料時間：15 分鐘，無須烹煮

食材：切成小丁狀的牛菲力 700 公克，**梅林辣醬油**（sauce Worcestershire）2 茶匙，芥末醬 2 茶匙（風味芥末醬亦可），**塔巴斯可辣椒醬**（Tabasco）數滴，剝除外皮且切成細末狀的紅蔥頭 2 小顆，酸豆 2 茶匙（其中 1 茶匙切成小塊狀，依個人喜好準備，此項食材可有可無），切成小丁狀的**酸黃瓜** 2 小根（依個人喜好準備，此項食材可有可無），洋香菜葉細末 1 茶匙，細洋香蔥細末 2 茶匙，切成兩半的細洋香蔥 4 小株（作為盤飾用，具畫龍點睛之效）

美乃滋食材：蛋黃 2 顆、花生油

做法：

❶ 首先以縱切的方向把牛肉切成片狀，再把牛肉片切成條狀，隨後切成小棒狀，再把牛肉棒切成小丁狀，最後細切牛肉小丁。但千萬別切成絞肉那麼細，好嗎？

肉切好後，用保鮮膜包起備用，來調製美乃滋囉。

❷ 首先將蛋黃放入碗中，略微拌打，緩緩加入油的同時，迅速拌打。

當美乃滋拌打完成，請加入芥末醬、梅林辣醬油與數滴塔巴斯可辣椒醬一起拌勻，加點兒鹽與胡椒粉調味。此醬汁將與肉融為一體，帶給你絕佳口感。

❸ 把醬汁加入肉中拌勻，再放入紅蔥頭末、酸豆末、酸黃瓜末、洋香菜末與細洋香蔥末，略微拌勻。

韃靼牛肉上桌時的溫度略微冰涼，但須接近室溫。溫度過低將會使香氣盡失。

❹ 將韃靼牛肉漂亮地擺上個人餐盤吧，再用細洋香蔥株裝飾，讓大家開開眼界。上桌囉！

滿分的做法

＊事前調製美乃滋，再連同其他配菜一起拌入牛肉中。
＊以偏辣的重口味醬汁來搭配生牛肉：建議多使用鹽、胡椒粉與芥末醬。

零分的做法

＊使用市售絞肉。
＊在每個餐盤上放上一顆蛋黃。
＊未先調製醬汁，就將所有的食材拌入牛肉當中。

不行

可以

1 假如你用絞肉機絞肉，那麼肉的口感將有如泥狀。
用刀子把肉切細吧，口感會全然不同的！

橄欖油

蛋黃

2 假如你夠強壯的話，
可將一顆蛋打出 50 公升的美乃滋！
真的，真的，這不是在說笑。

洋香菜

細洋香蔥

= 好吃，
好吃，
好吃

3 為了避免上述食材被美乃滋包裹住了，
我們最後再放，如此一來，更能凸顯這
些食材的風味。

4 你也可以添加以下食材：
些許伏特加（增點兒嗆度）
些許白蘭地（提升圓潤口感）
些許芝麻葉細末（增加清爽度）
些許帕馬森乳酪（帶點兒刺激口感）
說真的，可添加的東西多的是啊……

千萬別把蛋殼放在肉上，
蛋殼上有好多好多細菌啊……

肉骨汁

把骨頭烤成焦糖醬色
＝增添許多濃郁味道
（參見梅納反應）

加點兒冷水

大骨＋香料食材
讓高湯風味十足

將十分珍貴的高
湯保留備用

再加一點兒紅酒

水分蒸發

水

水變少時，湯汁的
香氣將會更濃郁。

❶ 含細緻肥肉的肋排＝肉中帶有些許油脂 ＝味道更豐厚。

❷ 水分蒸發＝濃縮湯汁＝高湯將呈現令人驚艷的香氣。有點兒像是孩子們所熱愛的糖漿口感，像石榴果漿一樣。

❸ 此動作將可斷開肌肉纖維，讓熱度更迅速傳遞到肉的內層。

❹ 油強化了梅納反應，讓烤盤或平底鍋達到最佳的熱度傳導效能，好處多多……

❺ 最乾燥的外層肉將會吸收中心部位的肉汁，就像我們在濕毛巾上鋪上乾毛巾，乾毛巾吸收濕毛巾的水分後會變得
濕潤，十分簡單的道理，不是嗎？

牛肋排與肉骨汁

為肉食族麻吉們準備的好料理

這道食譜真的是最適合像牛肋排這種大塊頭的肉了。神來一筆的絕招，就是肉骨汁。肉骨汁？奇怪的點子，對吧？別擔心啦！我們又不需要啃牛骨頭，只要知道如何掌握訣竅，就能利用肉骨釋放出的風味了。肉骨汁非常容易調製，但需要不少熬煮時間（3 小時）。小心喔，你的賓客一旦嘗過這道料理，可是會食髓知味的喔！

---

6 人份，備料時間：15 分鐘，烹煮時間：2 小時 30 分鐘

食材：具有 5 公分厚度且含細緻肥肉，重達 2.5 公斤的優質**牛肋排** 1 塊，帶有骨邊肉的**牛大骨** 1.5 公斤（於前一天請肉販備妥），削皮且切成小丁狀的**紅蘿蔔** 3 小根，剝除外皮且切成 4 大瓣的**洋蔥** 3 小顆，洗淨且切成 4 或 5 公分段狀的**韭蔥** 1 小根，用刀面拍扁的**蒜瓣** 4 瓣，**百里香** 4 小株與縱切成兩半的新鮮（或乾燥）**月桂葉** 2 片，**紅酒**半杯，橄欖油、海鹽、現磨胡椒粉

做法：

❶ 先準備肉骨汁吧。以 200℃ 預熱烤箱。在雙手掌心抹上些許橄欖油，再輕撫牛骨與骨邊肉，讓肉骨與肉覆上一層薄油膜。把牛骨與骨邊肉放至盤上，送入烤箱烘烤 1 小時。將肉骨烤得略帶焦糖醬色，這將是醬汁基底。

❷ 當肉骨變得金黃，將肉骨與骨邊肉放入湯鍋中，以冷水淹沒，再放入紅蘿蔔、洋蔥、韭蔥、蒜瓣、百里香與月桂葉，以微滾火候加以熬煮。用濾杓撈除骨渣浮沫，續以文火熬煮，不要煮滾，也不要蓋上鍋蓋。

❸ 熬煮 1 小時後，將一條布鋪在濾盆上，再把濾盆放至另一只湯鍋上，把所有食材倒在布上過濾，取用高湯，把紅酒倒入湯中，以中火熬煮收汁，直到湯汁呈現濃稠的糖漿質地，需時約 30 分鐘。放涼。

❹ 烹煮前 1 小時，把牛肉從冰箱中取出，輕輕地按摩一下肉塊。

❺ 以 160℃ 預熱烤箱，將些許橄欖油倒入手中，輕撫肋排，讓肉的表面裹上一層極薄的油膜。

以最高溫加熱鑄鐵鍋或鑄鐵烤盤，用以略微香煎肋排，每面煎 5 分鐘（用兩支湯匙翻面，避免插到肉），煎出香氣即可。把肋排放至烤盤中，送入烤箱烤 15 分鐘，烤至 7、8 分鐘時需翻面。

❻ 當肋排已烤熟，從烤箱中取出，以鋁箔紙包妥，靜置 10 分鐘。

再次加熱肉骨汁。將肋排切片，撒上鹽與胡椒粉，擺至已預熱的餐盤中，淋上些許的肉骨汁。將剩餘的肉骨汁盛入漂亮的醬汁皿中擺上桌。小心端好，這可是不折不扣的美味原汁呢！

在這塊牛肋排旁，放點兒薯條、香煎馬鈴薯、自製薯泥、四季豆，或光是放上一份優質青菜沙拉當作配菜也很棒呢。

該做的小妙招

＊用烤箱香煎肉骨。
＊將牛排放入烤箱前，先用鑄鐵鍋煎得金黃上色。

不可行的做法

＊烹煮前或烹煮過程中加鹽與胡椒粉。

牛肉油鍋料理

外層酥脆、入口即化

這是我女兒超喜歡的一道料理。晚餐做這道菜，總能帶給她最美好的驚奇。牛肉油鍋料理，其實是用炸花枝或炸薯條的技術，來炸牛肉塊……做這道料理最美味的牛肉部位是膈柱肌（若真買不到，用牛腩肉也行）；肉的外部將十分酥脆，內部相當軟嫩。每塊肉塊就像一顆糖果，外層爽脆，內餡多汁……

---

6 人份， 備料時間：10 分鐘 ， 醃漬時間：1 夜 ， 烹煮時間：上桌烹煮

食材：膈柱肌肉（或牛腩肉）1.5 ～ 1.8 公斤，葡萄籽油或花生油 2 公升（前者較耐高溫）

醃漬用食材：剝除蒜膜且切成薄片狀的蒜仁 5 瓣，卡宴紅椒粉（piment de Cayenne）1 大撮，百里香 4 或 5 株

做法：

❶ 前一晚，將肉切成約兩口量的塊狀。

❷ 加入醃漬用食材拌勻，放至冰箱冷藏一整晚。

隔天上桌前 1 小時，先把肉塊從冰箱中取出。

❸ 調製沾醬：我通常會調製些許的法式貝亞司醬、美乃滋與些許辣度極高的沾醬。你也可以調製其他不同的沾醬，例如：韃靼醬、胡椒醋醬、番茄醬等等。

❹ 取熬糖鍋熱油，油溫需極高。檢測油溫最簡單的方法就是丟一小塊麵包下鍋，假如麵包在 30 秒內變成金黃色，就達到完美油溫了。

將肉塊擺盤囉……

此道料理可搭配包上鋁箔紙、送入烤箱以 200℃烘烤 1 小時 30 分的馬鈴薯一起食用。可調製新鮮細香蔥奶油蒜醬來當作馬鈴薯沾醬。

數個好點子

＊使用膈柱肌肉或是牛腩肉。
＊將牛肉與香料一起醃漬一整晚。
＊使用葡萄籽油或花生油。

糟糕的想法

＊不挑肉塊使用（使用肉販處理好的油鍋料理肉塊或是梨型頂邊腿肉）
＊使用油容量少於 2 公升的熬糖油炸鍋。

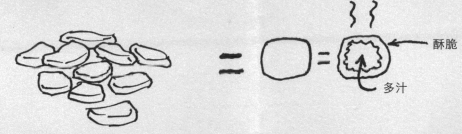

酥脆

多汁

1 這樣的肉塊大小是油炸烹煮的最佳大小。外部將有足夠的時間炸得酥脆，而內部也能完美地被炸熟，並保留所有的肉汁。

2 經過一整夜的浸泡，大蒜與其他辛香料食材的味道將能滲入肉中，增添肉的香氣。

沾醬　沾醬　沾醬

3 最棒的沾醬，當然得自己做囉，那些市售現成品哪能比得上啊。

4 要維持高油溫，熬糖油炸鍋下的爐焰火總是不夠大。我通常會在鍋下再擺上幾顆熱鍋小蠟燭，如此一來，狀況好多囉！

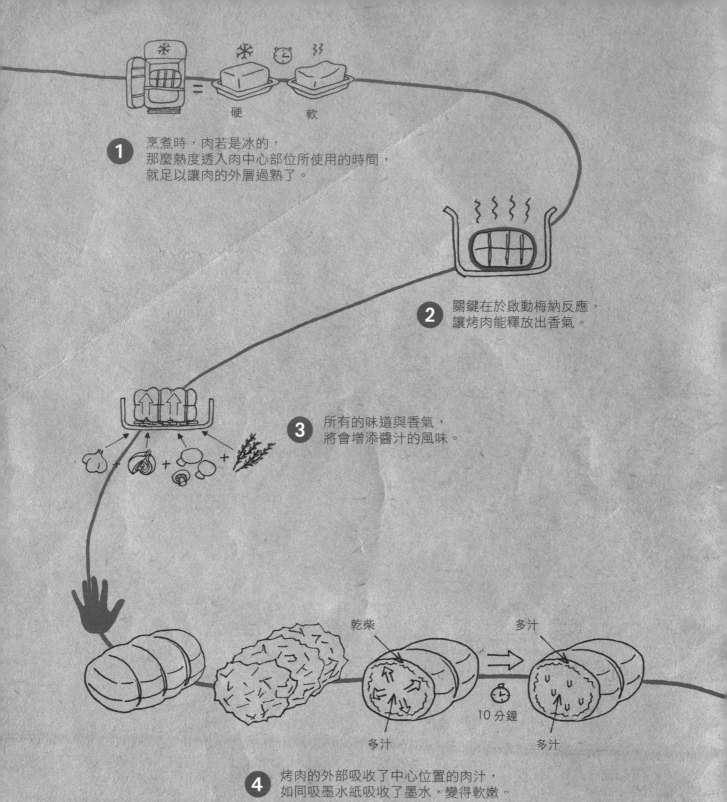

① 烹煮時，肉若是冰的，
那麼熱度透入肉中心部位所使用的時間，
就足以讓肉的外層過熟了。

硬　　　　軟

② 關鍵在於啟動梅納反應，
讓烤肉能釋放出香氣。

③ 所有的味道與香氣，
將會增添醬汁的風味。

乾柴　　　　多汁

多汁　　　　　　10分鐘　　　　多汁

④ 烤肉的外部吸收了中心位置的肉汁，
如同吸墨水紙吸收了墨水，變得軟嫩。

星期天烤肉

這應該是一道可邀請岳父岳母一大家子一起分享的料理吧？

這是我的童年料理之一，一道搭配上薯條或是美味沙拉，就可和一票朋友或家人分享的菜色！準備起來真的超簡單的。送入烤箱烤烤就行了。但你可以做得更好的，超美味的烤肉將等著你！

---

6 人份，備料時間：10 分鐘，烹煮時間：35 分鐘

食材： 重達 1.6 公斤的烤肉用**牛菲力 1 塊**（千萬別買使用豬板油片綑綁住的），切成圓薄片的**洋蔥 1 顆**，削除外皮且切成圓薄片的**紅蘿蔔 1 根**，切成圓薄片的中型**白洋菇 3 朵**，用刀刃拍扁的連皮**蒜瓣 3 瓣**，**百里香 3 小株**，**橄欖油、海鹽、現磨胡椒粉**

為何要選用沒有豬板油片的烤牛肉呢？因為板油片會讓肉無法烤得金黃，然而，表面金黃正是味道的來源，使用板油片的好處，在於煮肉時肉質不會變得乾柴，但假如你不以高溫烹煮，那麼就算沒有豬板油片，肉質也不至於變得乾柴啊……再說了，板油片是豬肉，和牛肉八竿子打不著關係。

做法：

❶ 最晚烹煮前 1 小時，就要把牛肉從冰箱中取出。

以 180℃ 預熱烤箱。當烤箱已熱，將鑄鐵鍋放至大火上，將 1 湯匙的橄欖油輕抹在烤肉上，讓牛肉表面形成一層薄油膜。

千萬別抹鹽與胡椒粉，知道嗎？

❷ 將烤肉各邊均香煎得金黃油亮，總計約需 5～7 分鐘。

❸ 使用兩支湯匙翻面，不要使用叉子。當烤肉緩緩變得金黃時，將洋蔥、紅蘿蔔、洋菇與百里香擺至一個與烤肉相同大小的烤盤中，淋上 3 湯匙橄欖油拌勻後，把金黃萬分的烤肉擺至配菜上。

送入烤箱烤 20 分鐘，你無須以肉汁澆淋肉塊，這是無濟於事的，因為肉汁是無法滲入肉塊中的。

❹ 肉烤好後，將肉放至鋁箔紙上，以鋁箔紙將肉捲起包裹 3 層，靜置 10 分鐘。

利用靜置時間，準備沾醬：將一杯冷水，倒入先前的烤盤中，略微攪拌後，放入烤箱中烘烤 5 分鐘，以利收汁。

將此醬汁倒入細目網篩中過篩，若無細目網篩，使用細目濾盆亦可，略微壓擠蔬菜，以利醬汁流出。

取出鋁箔紙中的肉捲，切片，漂亮擺盤，把肉捲釋放出的肉汁加入醬汁中，加點兒鹽與胡椒粉，非常簡單，不是嗎？

完美做法
＊將烤肉送入烤箱前，先用鑄鐵鍋煎得金黃上色。

重申一次禁忌做法！
＊烹煮前或烹煮過程中加鹽與胡椒粉。
＊烹煮過程中在盤中加水或是高湯。

我知道啦，
通常這道菜的做法只需三言兩語即可道盡，何苦長篇大論，但我們可做出更好吃的版本啊！這份食譜乍看之下篇幅很大，其實很容易料理的。再說了，你提前一天準備，隔天只要等朋友全到齊了，再進廚房回溫加熱就大功告成了啊……
你們還能品嘗到一份美味到難以言喻的沾醬呢！

蔬菜牛肉鍋

第一個步驟：熬製高湯

這道古早味料理源自於人們將各式各樣的食材放入裝滿水的大瓦罐中，放在火邊慢慢燉的年代，這就是「蔬菜牛肉鍋」又稱為「牛肉雜菜煲」的由來。提前一天準備這道料理吧！這樣才能讓高湯味道在一夜間滲入肉中，釋放出最美味的風味。別忘了要調製令人回味不已的沾醬喔……

6 人份，備料時間：30 分鐘（前 1 天即需準備），烹煮時間：1 小時

熬湯用食材：切開且用線綑綁的**牛尾 1 根**，未削皮且對切兩半的**洋蔥 2 顆**，用韭蔥蔥綠綁起的綜合**香草束 1 把**，（內含：**百里香 6 小株**，對半切開的**月桂葉 3 片**，**香芹 3 小株**），削去外皮且切成 3 ～ 4 公分塊狀的**紅蘿蔔 3 根**，已洗淨且切成 4 公分段狀的**韭蔥蔥綠 3 根**，剝除蒜膜且用刀刃拍扁的**蒜仁 4 瓣**，插在洋蔥上的**丁香粒 5 顆**，**橄欖油**

做法：

❶ 將對半切開的洋蔥直接放至烤盤或鑄鐵烤盤上煎至金黃（甚至略微焦黃的地步）。

❷ 將 1 湯匙的橄欖油輕抹在牛尾上，讓各面均形成一層薄油膜，再將牛尾放入鑄鐵鍋中，以中火油煎。

當牛尾已煎得金黃，再放入香草料與高湯蔬菜，倒入水淹沒食材，水位需高於牛尾高度 5 ～ 7 公分。

❸ 千萬別加胡椒粉！

❹ 也不要加鹽！

❺ 維持低於微滾的溫度緩緩加熱，燉煮 1 個小時。

好吃！好吃！

* 牛尾會讓高湯層次更加渾厚。
* 使用不上桌的牛雜肉來熬湯，讓味道更加濃郁。

噁心……

* 把胡椒粒放入高湯中。
* 將高湯煮滾。

1 焦黃的洋蔥會讓高湯呈現超美的琥珀色。

這樣一來，高湯將更具風味 ＝ 好吃！美味！

肉汁

2 當你香煎牛尾時，你正啟動會產生肉汁的梅納反應，讓高湯更具風味。

嗯！

3 千萬千萬不要把胡椒丟入高湯中熱煮。胡椒和茶葉一樣，是靠浸漬釋放味道的，假如浸漬太久，會具收斂性，會變得苦澀，你真的想讓湯變苦嗎？

4 假如你一開始烹煮就加鹽，那麼肉將不會釋放出肉汁，將無法提升高湯的香氣。我們要的是相反的效果，換言之，我們需要牛尾為高湯增添風味，所以千萬不能加鹽。

5  當我們把水煮滾時，水的滾動方向是四面八方的。高湯煮滾了，肉與蔬菜的微分子就會四散，讓高湯變濁，因此，千萬不要把高湯煮滾，甚至微滾狀態都不行，加熱至水泡微冒至水面的程度即可，接近 80℃ 就好，不要超過了！

蔬菜牛肉鍋

第二個步驟：烹煮牛肉

現在，我們將汲取高湯所有的美味囉：一方面讓高湯風味回歸於肉上，另一方面，用來調製令人魂牽夢縈的醬汁，最後，再用來烹煮蔬菜……

---

6 人份， 備料時間：30 分鐘（提前 1 天準備）， 烹煮時間：5 小時 30 分鐘

主菜食材：骨頭朝外、用棉線將兩塊雙雙綁起的扁平牛肋排 800 公克，用棉線綁起的上肩肉 800 公克，用棉線綁起的腿肉 800 公克，（基於美觀因素而縱向剖切的）髓骨 6 塊，已削皮且外型一樣大的紅蘿蔔 12 根，已削皮且外型一樣大的白蘿蔔 6 根，切取蔥綠部位且外型一樣大的韭蔥 12 小根，已削皮的夏洛特品種馬鈴薯 6 顆，高麗菜半顆（傳統食譜中並沒有這道食材，但我非常喜歡加入這個食材），海鹽 1 湯匙，現磨胡椒粉
沾醬食材：法式芥末籽醬 2 湯匙，鮮奶油 3 湯匙

做法：

❺ 將火候維持在低於微滾狀態的溫度。

❻ 把扁平牛肋排、上肩肉與腿肉放入高湯中，加點兒鹽，蓋上鍋蓋慢燉 4 小時。

❼ 高湯需淹沒肉塊，若高湯量不足，則加水補充到該有的高度。若產生些許浮渣，則用湯匙撈起。4 小時後熄火，用韭蔥覆蓋住鍋裡浮起的肉塊。

❽ 你現在可以拿本好書，放心閱讀了。把高湯放至室溫下，直到隔天。

❾ 把髓骨放入裝滿鹽水的沙拉盆中進行醃漬，放至冰箱冷藏至隔天。隔天，撈除浮至高湯表面的油脂與韭蔥。

❿ 拉起綁肉的繩子，取出肉塊，把高湯倒入已鋪上一條布的濾盆中。把鑄鐵鍋洗乾淨，保留 3/4 公升的

高湯做為調製醬汁之用。將剩餘的高湯與肉塊放入洗淨的鑄鐵鍋中。保留牛尾，以利他日烹煮薯泥絞肉焗烤料理之用。

上桌前 1 個小時，把紅蘿蔔放入鍋裡，以極微火回溫加熱 30 分鐘。然後再加入白蘿蔔，10 分鐘後，再放入韭蔥與髓骨。利用熬煮空檔，將馬鈴薯放入冷鹽水中，煮至沸騰後，續煮 20 分鐘。清蒸高麗菜 20 分鐘。

調製沾醬：以中火加熱原本預留的 3/4 公升高湯，熬煮收汁。

⓫ 需濃縮至半杯酒杯的量，不能超過。加入法式芥末籽醬，以文火熬煮 2～3 分鐘，再加入鮮奶油，繼續緩緩熬煮 5 分鐘，保持熱度備用。美味的沾醬完成囉！

當所有蔬菜均煮好，將肉塊切片，放入大深盤中，撒點兒鹽與胡椒粉，把蔬菜與髓骨環繞在肉片旁，淋上 2 杓高湯。把高湯舀入大湯碗中，將

剩餘沾醬裝入醬汁碟中。上菜囉！

> **耶！**
> ＊需用棉線將肉塊綁妥。
> ＊提前 1 天備妥，隔天要上桌前再回溫加熱即可。

> **唉……**
> ＊烹煮時把湯煮滾了。
> ＊用壓力鍋燉煮蔬菜牛肉鍋。

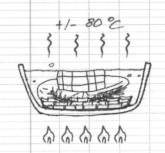

5 當高湯開始冒煙,當你看到些許泡泡浮上表面,就是最佳熬煮溫度了。原則上應該不會出現浮渣。肉塊將會變得更美味喔。

6 若有人跟你說,產生浮渣,是因為不乾淨。可千萬別相信這樣的說詞。這些浮渣也不過就是凝結的蛋白質罷了。

韭蔥蔥綠

7 覆蓋上蔥綠,可避免未被湯汁淹沒的肉變乾。

8 肉塊會在夜裡的靜置過程中吸收高湯,吸飽美味湯汁後,重量將增加 10 ～ 20%。

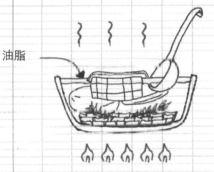
油脂

9 撈起 1 小杓的表面油脂,幫高湯略微去油,讓高湯更加清爽,也讓風味殘留於口中的時間更久。真的,真的,真的啦,這是化學反應,我沒開玩笑,我是說真的!

10 用布過濾出高湯中因烹煮而解體的肉渣與蔬菜渣,讓醬汁近乎完美。

水分蒸發
水

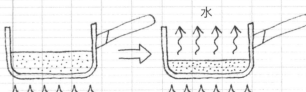

11 高湯中的水分會蒸發掉,我們留住的是美味醬汁喔。美味!好吃啊!

就算得用 4 頁的篇幅去述說料理過程,但還是超簡單的,不是嗎?

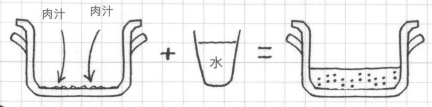

1 黏在鑄鐵鍋底的小棕色塊就是肉汁，風味十足呢。

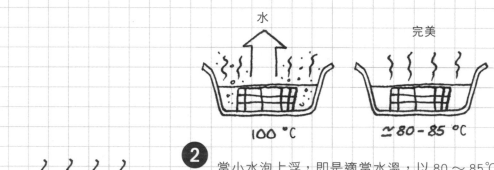

2 當小水泡上浮，即是適當水溫，以 80 ～ 85℃ 烹調能將肉汁（與肉味）保留在肉塊裡。

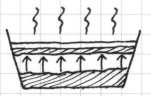

3 疊煮的做法，可讓碎肉保持油嫩，香味在回溫加熱時慢慢竄升至薯泥層中。

來做個驚艷全場的版本吧！

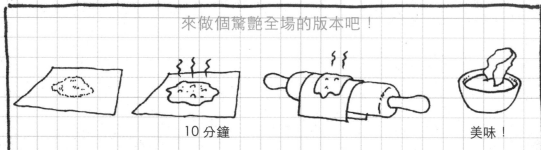

10 分鐘　　　　　　　　　　　　　　　美味！

用數個單人份大陶瓷烤碗來製作焗烤薯泥牛肉吧。這樣回溫加熱時間只需 20 分鐘即可。搭配帕馬森乳酪瓦片一起食用吧。刨下數小片帕馬森乳酪片堆疊在烤盤紙上，送入烤箱以 180℃ 烘烤 10 分鐘，當帕馬森乳酪片開始融化、顏色轉為金黃即可。將帕馬森乳酪放至酒瓶上或擀麵棍上冷卻，以便塑造成瓦片狀。上桌前，在每個大陶瓷烤碗插上 1、2 片乳酪片，保證吸睛效果十足喔！

焗烤薯泥牛尾肉

忘掉員工餐廳裡焗烤薯泥牛肉的味道吧

這是一道非常軟嫩多汁的碎肉料理，祕訣在哪兒呢？別用在烹煮過程中會變得乾柴的牛絞肉了，改用牛尾巴肉吧，這個部位的肉質軟嫩、味道濃郁，而且不會太肥。也不過烹煮時間略長罷了，但美味真的值得費工等待。我喜歡鋪成數層肉層，口感較佳，但假如你喜歡傳統的單層方式，將肉擺至下層，馬鈴薯泥放至上層，也是可行的。

6 人份，備料時間：15 分鐘，烹煮時間：5 小時

食 材：切開且用棉線綑綁、重達 800 公克的**牛尾** 1 根，（最好是新鮮的）綜合**香草束** 1 把，已削皮且切成圓塊狀的**紅蘿蔔** 1 根，剝除外皮且對半剖開的**洋蔥** 1 顆，插在洋蔥上的**丁香粒** 1 顆，切成厚段狀的**韭蔥** 1 小根，剝除蒜膜且拍扁的**蒜仁** 4 瓣，**粗海鹽** 1 茶匙，現刨**帕馬森乳酪** 50 公克，抹盤用**奶油** 1 湯匙，依照第 162 頁調製的**薯泥** 1 公斤，**橄欖油** 1 茶匙，**海鹽**、**現磨胡椒粉**

做法：

烹煮前 1 小時，將牛尾從冰箱取出。

在肉塊上輕裹 1 湯匙橄欖油，放入已充分熱鍋的鑄鐵鍋中，每邊香煎 3～4 分鐘。將牛尾取出，放入盤中。來準備高湯吧。

❶ 在鑄鐵鍋中加水（加至與牛尾等高的位置），以便調勻肉塊釋出的肉汁。

❷ 放入綜合香草束、紅蘿蔔、插了丁香粒的洋蔥、韭蔥、蒜仁、粗海鹽，緩緩燉煮 20 分鐘，讓香氣開始釋放出來。把肉塊放回鍋內，以低於微滾狀態的火候，燉煮 4 小時。

讓肉塊在鍋內降溫：肉塊將可保持多汁狀態，並持續將高湯的風味鎖在肉裡。

當溫度已降，把肉塊取出，切除剩餘的肥肉部位。用 1 把叉子將肉撕成絲狀，丟棄中間的小牛尾骨。把肉絲放入大沙拉盆中，倒入 1 湯杓的高湯（不含蔬菜），充分拌勻。高湯量需淹沒肉絲，以免肉絲變乾。

❸ 裝盤料理囉。焗烤薯泥牛尾肉的關鍵祕訣在於千層疊煮法：讓每一口吃下的口感是些許的肉、些許的薯泥。取一個盤子，抹一點點奶油，可避免食材黏盤。在盤底層，扎實鋪上一層肉，撒點兒鹽與胡椒粉，再放上一層厚薯泥，再放上薄薄一層肉，最後鋪上薄薄一層薯泥。

然後放入烤箱，以 140℃ 緩緩回溫烘烤 30 分鐘。溫度不能超過喔，要不然，我會生氣的喔！

最後，在上層撒點兒帕馬森乳酪，放至烤箱烤架下烘烤 5 分鐘，將乳酪烤得金黃。

靜置 10 分鐘後再上桌，選擇具有嚼勁的優質沙拉當作配菜，以毀滅性的魄力狼吞虎嚥吧！

超棒的做法

＊以極微火燉煮牛尾，也以極低溫烘烤此道料理。

超白癡的做法

＊使用市售牛絞肉。
＊以 120℃ 以上的溫度烘烤。

小牛肉

小牛肉是義大利人偏愛的肉類，他們的選擇正確無誤啊！小牛肉的肉質細緻軟嫩，但需注意，在烹煮過程中小牛肉會迅速解體散開，因此烹煮火候不能過大，甚至得用泡漬方式料理，才能留住本身所有的風味。

市售的小牛肉分為年齡 4～5 月大、未斷奶的小牛肉或是 6～10 月大已斷奶的小牛肉兩種。上等小牛肉是只以牛奶餵養、從未吃過草料的。因此，當然只能挑乳牛媽媽親自餵養長大，於 3 個月大被宰殺的小牛肉。此階段的小牛肉色呈淡粉紅，具有光澤，油脂雪白。

小牛肉的各種名稱如下：
· 乳牛媽媽親自餵養的小牛：於 3 個月大時宰殺。
· 以全脂牛奶餵養的小牛：於 5 個月大時宰殺。
· 以法式傳統方式餵養的小牛：於 5 個月大時宰殺，以牛奶或其他乳製品餵養。
· 由乳牛媽媽親自餵養的農村小牛：於 6～10 個月大時宰殺，並以乳牛媽媽的奶以及燕麥乳餵養。

小牛肉的處理方式和處理小羔羊肉雷同，烹煮之前，我會先按摩一下肉塊，我知道這種做法有點兒奇怪，但卻完全符合邏輯。我們可以在按摩的過程中斷開肌肉纖維，讓熱源更迅速傳至內部，避免造成外部過焦、裡頭未熟的窘境。

一頭重達 200 公斤的小牛，
其肉含 140 公升的水。

嫩肩肋骨排

次要肋排

小牛腰肉與
菲力肋排

腰下嫩肉

頸肉

主要肋排

菲力

后肉

胸肉

胸/前碎骨

牛腩

腱心

前胸肉

小牛腿肉

小牛腿肉

小牛肉丸子

沒有鎖住油膩醬汁的米飯喔……

忘掉婆婆那道搭配油膩膩醬汁米飯的牛肉丸子料理吧……這道菜可八竿子打不著關係！這是一道非常清爽的料理，因為我以爽脆的蔬菜取代了米飯。這是一道可與一群人共享的餐點，正如蔬菜牛肉鍋一樣。所以邀請你的好友死黨或親戚一大家子來用餐。進廚房料理吧，你將會把他們都唬得一愣一愣的！

---

6 人份，備料時間：20 分鐘，烹煮時間：2 小時 45 分鐘

主菜食材： 切成 100 公克塊狀小牛肩肉 600 公克，切成 100 公克塊狀小牛胸肉 600 公克，橄欖油 2 湯匙

高湯食材： 取用蔥綠部位的韭蔥 1 根，蔥綠包裹著百里香 6 小株與月桂葉 2 片，已削皮且切成 3 或 4 公分塊狀的紅蘿蔔 2 根，取用蔥綠部位且已洗淨、切成 4 公分段狀的韭蔥 2 根，香芹 3 小株，未剝皮、對半切開的洋蔥 1 顆，剝除蒜膜且拍扁的蒜仁 4 瓣，分別插在 2 塊洋蔥上的丁香粒 2 顆，粗海鹽 1 湯匙

蔬菜食材： 已削皮的迷你紅蘿蔔 18 根，新鮮四季豆 300 公克，小蘆筍 18 根，鈴鐺洋蔥 300 公克，糖 2 湯匙，小白洋菇 400 公克，榨取汁液用檸檬 1 顆，奶油 150 公克，粗海鹽

醬汁食材： 鮮奶油 250cc，蛋黃 4 顆，現磨肉豆蔻仁粉、海鹽、現磨胡椒粉

做法：

❶ 以中火加熱大鑄鐵鍋，鍋熱時，加入 2 湯匙橄欖油，香煎肉塊各面。然後加水至相當高度，放入所有的高湯食材，鍋蓋半掩，以文火熬煮 2 小時 30 分鐘。假如產生些許浮渣，用濾杓撈起即可。

利用熬湯空檔，烹煮蔬菜吧。把紅蘿蔔放入一只湯鍋中，以水覆蓋淹沒，加鹽，以文火煮至紅蘿蔔熟透，但仍保留爽脆口感。以同樣的方法烹煮四季豆與蘆筍。

❷ 取一只炒鍋，加熱 50 公克的奶油，放入鈴鐺洋蔥、糖與 2 杯水，蓋上鍋蓋，熬煮 20 分鐘，保留洋蔥的爽脆口感。再來處理白洋菇吧，取一只大平底鍋，以中火加熱 50 公克奶油，放入白洋菇，加點兒鹽，熬煮 10 分鐘。

當蔬菜都煮好了，保留備用。

現在，最後一步囉！在歷經 2 小時 30 分的熬煮之後，從鑄鐵鍋中取出肉塊，將肉塊放入大盤中，

❸ 蓋上鋁箔紙。在濾盆上鋪上一條濕濾布，將高湯倒在濾布上過濾。

❹ 用大火熬煮過濾後的高湯，將高湯濃縮至 2/3 的量。

❺ 用濃縮高湯的空檔，取一個沙拉碗，放入鮮奶油、蛋黃、一丁點兒肉豆蔻仁粉，加以拌勻。

當高湯已濃縮熬煮完畢，舀一湯杓至鮮奶油碗中，與鮮奶油蛋黃醬拌勻。當醬汁已充分乳化，把醬汁倒入濃縮的高湯中，以極微火熬煮 5 分鐘，一邊熬煮一邊攪拌，讓湯汁

變得更濃稠。蛋黃將會凝結，形成略微濃稠的醬汁。然後，倒入檸檬汁，讓醬汁帶點兒微酸的清爽口感。加點兒鹽與胡椒粉。

把肉塊放入一只炒鍋中，倒入鮮奶油蛋黃醬汁，以極微火加熱。另取一只炒鍋或大平底鍋，加點兒奶油，炒香蔬菜。把肉塊與蔬菜擺入漂亮的深盤中，好菜上桌囉……又是一道萬無一失的成功之作！

絕佳招數！
＊將肉塊切成相同的大小。
＊以低於微滾狀態的火候烹煮肉塊，以保持肉質軟嫩。

超白痴的舉動！
＊在烹煮高湯時，就加入胡椒粉。
＊以麵粉勾芡醬汁。

浮至表面的小水泡

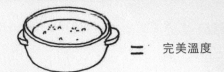

= 完美溫度

1 水滾之前，小水泡會先浮上表面，這就是絕佳溫度，不要把水煮滾了。

白洋菇所含的水分蒸發。

鹽　　水　　水

2 就這一次，得加點兒鹽！白洋菇內含 90％的水分，鹽將可吸附住一部分的水。

高湯

濕濾布

3 濕濾布可過濾出最小塊的食材碎塊。

水分蒸發後，高湯將變得更為濃稠。

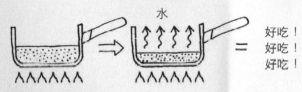

水

好吃！
好吃！
好吃！

4 將高湯中沒有味道的水分蒸發掉，讓高湯留住完整的香氣，熬成萬無一失的美味醬汁。

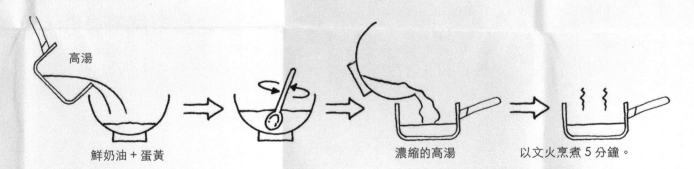

高湯

鮮奶油 + 蛋黃　　　　　　　　　　濃縮的高湯　　　以文火烹煮 5 分鐘。

5  天啊！，可千萬不能在高湯中加入麵粉或直接加入鮮奶油喔。以前的人會加些許的麵粉，那是因為他們不諳廚藝。我們之所以無須添加麵粉就能讓醬汁變得濃稠的道理，其實很簡單，因為光靠蛋黃就能凝結醬汁。在牛肉丸子這道料理中添加麵粉，完全就是落伍的做法囉……

油封小牛胸肉
非常非常美味多汁

關於小牛胸肉這塊肉，識貨的人不多，屬於美食家的口袋食材。在此道料理中，我用極微火來烹煮它，用油來浸漬這塊肉！肉四周油脂將緩緩融出，賦予這塊肉無以倫比的美味，且讓肉質變得十分軟嫩、多汁，充滿蔬菜的風味。是一塊充滿陽光風情的肉啊！

6 人份，備料時間：15 分鐘，烹煮時間：5 小時

食 材： 捲成肉捲狀，並用棉線綁起的**小牛胸肉** 1.6 公斤，**迷迭香** 4 小株（拿 2 株至肉販處），剝除外皮且切成半圓片狀的**洋蔥** 1 顆，削去外皮且切成圓片狀的**紅蘿蔔** 2 根，**橄欖油** 4 湯匙，**奶油** 2 湯匙，**海鹽、現磨胡椒粉**

做法：

❶ 帶 2 株迷迭香至肉販處，請他將迷迭香捲入小牛胸肉的中央位置，用棉線將肉捲綁起。

烹煮前 1 小時，將肉捲從冰箱中取出。

以 100℃預熱烤箱。

取一個與肉捲一樣大的烤盤放入洋蔥與紅蘿蔔。

❷ 在肉捲上澆淋 2 湯匙橄欖油，輕抹肉捲，讓橄欖油形成一層薄油膜。取一只鑄鐵鍋，香煎肉捲。然後將肉捲置於洋蔥紅蘿蔔烤盤上，加入 2 湯匙橄欖油、2 湯匙奶油與剩下備用的 2 株迷迭香。用鋁箔紙緊密覆蓋，以保留整體濕潤度。

放至烤箱中讓油緩緩浸漬食材 5 小時（對，沒錯，5 小時！），浸漬過程中請時常澆淋肉汁，別忘了淋完肉汁後，要再將鋁箔紙緊密蓋上。別擔心，以這種溫度烹調，肉中汁液是不會蒸發掉的，肉質將非常油滑軟嫩。

❸ 肉捲烹煮完後，用鋁箔紙將肉捲包裹 3 層，靜置 15 分鐘。

❹ 趁肉捲靜置的空檔，利用烤盤裡的存留食材（蔬菜、香草料與肉汁）來製作醬汁吧。將鍋裡所有東西全倒入細目網篩中，並壓擠紅蘿蔔與洋蔥，以萃取其所有美味汁液。將 1 杯水倒入烤盤上，充分刮除盤底，讓味道十足的黏鍋肉汁與水融合。再把此醬汁倒入湯鍋中，以中火熬煮 5 分鐘，濃縮成一半的量。

將肉捲切成薄片狀，精心地淋上濃稠醬汁，加點兒鹽與胡椒粉。然後……上菜囉！

通常我會準備一道家常薯泥來搭配這道小牛肉捲。就和孩子一樣，我會把薯泥做成小井狀，在井中央倒入些許醬汁……彷如時光倒轉至童年啊！

超有型的做法
＊以 100℃的溫度油漬，小牛胸肉的肉汁幾乎不會被蒸發掉。

沒格調的做法
＊在烹煮前或烹煮過程中加鹽與胡椒粉。
＊未緊密覆蓋烤盤。

肉販老闆您好啊！
我帶了兩株迷迭香來耶！

您要我幫您把迷迭香放入小
牛胸肉裡？沒有問題！

小牛胸肉將迷迭香捲
了起來。

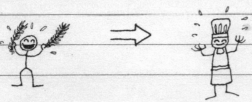
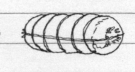

1 烹煮過程中，迷迭香將可增添肉中心部位的香氣。

濕氣可避免肉質變得乾
柴，讓肉質保持軟嫩！

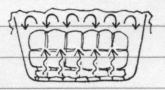

2 鋁箔紙留住了蔬菜與湯汁的些許水蒸氣。
水蒸氣一遇到鋁箔紙，將化為水，又落回
鍋中，澆淋所有的食材。小牛肉留住了
本身的油脂，變得軟嫩。

洋蔥 + 紅蘿蔔 + 迷迭香 + 橄欖油 + 奶油

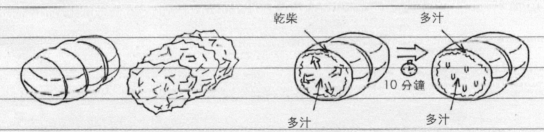

乾柴

多汁

多汁

多汁

10 分鐘

3 靜置肉捲時，中心部位所留下的肉汁將會被略微變乾的外層肉吸走。

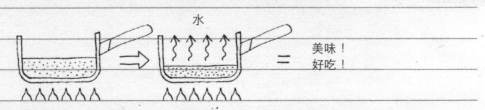

水

美味！
好吃！

4 湯汁的濃縮過程中，一部分的水分將會蒸發，正因為所蒸發的水分不帶任何味道，
因此醬汁的香氣將變得更為濃郁。

小牛肋排萵苣菜捲

享受一道超油嫩的小牛肉料理

好吧，我同意，用一片萵苣葉搭配小牛肉，看起來真的不太妙……但假如……萵苣葉能帶給小牛肉清爽的口感，是否又另當別論了呢，更何況，這還不是使用萵苣葉的唯一目的呢！它還能讓小牛肉保持肉質鮮嫩多汁！仔細看看圖示，你將會了解烹飪過程中發生了什麼變化。這道食譜，可讓你品嘗到一塊金黃美味、油嫩多汁的小牛肋排……

---

4 人份，備料時間：10 分鐘，烹煮時間：15 分鐘

食 材：250 公克重的小牛肋排 4 塊，萵苣葉 8 片（要挑選外表最漂亮、沒有汙漬損傷的葉片，知道嗎！），橄欖油 4 湯匙，奶油 4 湯匙，海鹽、現磨胡椒粉

做法：

烹煮前 1 小時，先把小牛肉從冰箱中取出。這招你現在應該很上手了吧。

用一大沙拉盆裝冰水，用來冰鎮汆燙後的萵苣葉。

以流動水流將萵苣葉洗淨，燒開一大湯鍋水，水一滾，就將萵苣葉放入汆燙，在菜葉上略微加壓，以免浮出水面，燙 30 秒即可。把萵苣葉取出，放入冰水沙拉盆中冰鎮。當萵苣葉已降溫，即可取出放至乾布上，輕輕扭乾，以擠出多餘水分。

來處理小牛肋排囉……肋排要一塊一塊的分開煎喔，最後再放入烤箱烘烤。

以大火加熱大炒鍋或鑄鐵鍋。並以 160℃ 預熱烤箱。

在第一塊肋排上淋 1 湯匙橄欖油，再用手指輕抹，讓肉的表面完全裹上一層薄油膜，以相同手法處理剩

下 3 塊肋排。

❶ 把第一塊肋排放入炙熱的鑄鐵鍋中，香煎 30 秒。

❷ 以 2 根湯匙翻面。

❸ 另一面也煎 30 秒。把肉排擺至盤上，以相同手法處理其他 3 塊肋排。

❹ 4 塊肋排都煎好時，在鑄鐵鍋內加入 3 湯匙水，用一匙大木杓刮取肉汁，加以熬合攪拌。這湯汁將是沾醬的基底。

❺ 每塊肋排均用 2 張萵苣葉完整包裹住，放在大烤盤上，覆蓋上鋁箔紙，送入烤箱烘烤 10 分鐘。

烘烤肋排的空檔，將鑄鐵鍋中的醬汁回溫加熱，一邊倒入奶油，一邊緩緩攪拌，光澤油亮的醬汁大功告成囉。

肋排烤好後即可從烤箱取出，撒點

兒鹽與胡椒粉，淋上美味醬汁，擺至漂亮餐盤上，就可上菜囉。

> **做得好！**
> ＊萵苣葉有助於保留小牛肋排的肉汁。

> **得重做囉！**
> ＊烹煮之前或烹煮過程中，即先以鹽與胡椒粉調味。
> ＊小牛肋排煮過頭了。

1 香煎肉排，即可啟動能夠讓風味四溢的梅納反應。你若再添加一種油脂，更能加倍強化反應結果，換言之，風味更加乘了。

這裡這裡，把這個部位加以香煎，會變得十分美味。

不要在肉上插孔。肉汁一流失，味道也會喪失的。

2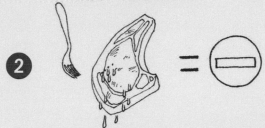

肉上不能有孔洞喔！假如你以叉子插孔，肉汁會從孔洞流失，肉質將會變得乾柴。

3 小牛肋排將釋出些許肉汁，留置盤中，我們可使用肉汁熬合出味道豐厚的醬汁，真的是太棒了！

小牛肋排所釋出的肉汁

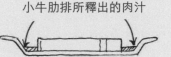

肉汁

4 充分刮除鍋底汁液吧，取得的肉汁愈多，燒烤小分子就愈多，你的醬汁風味就會愈濃厚。

非常濕潤的萵苣葉

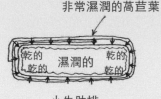

小牛肋排
已煎烤過的肉塊

小牛肋排
以萵苣葉包裹後再烘烤的肉塊

5

經過油煎後的小牛肋排外層會變得乾柴，但它會像吸墨水紙一樣，試著尋找可吸取的濕潤水分，因此會往肉的中心部位吸取，但它能從萵苣葉上吸取更多的水分，來滋潤自身肉質，變得軟嫩多汁。這就是萵苣葉的功能所在囉！

麵包師傅特烤馬鈴薯小牛肋排
具有百年歷史的一道料理

這是一道經典大菜，我們也可以用羊腿肉來料理。從前，人們會帶著這道菜到麵包店，請老闆把這道菜放入剛烤完麵包、仍帶熱度的麵包烤爐中加以烘烤。馬鈴薯在冗長的烘烤過程中將會吸附高湯與肉汁的所有味道。

---

6 人份，備料時間：15 分鐘，烹煮時間：3 小時

食 材：含 4 塊小肋排，約 2.5 公斤重的**小牛排骨肉** 1 塊，現熬或冷凍的**小牛肉高湯** 1 公升，**夏洛特馬鈴薯** 1.2 公斤，去皮**紅蔥頭** 4 顆，已摘除葉片的**百里香** 3 小株，**奶油** 1 湯匙，**橄欖油** 3 湯匙，海鹽、現磨胡椒粉

做法：
烹煮前 1 小時，把肉從冰箱中取出。

以 120℃ 預熱烤箱。將小牛高湯倒入湯鍋中加熱。

❶ 削去馬鈴薯外皮，切成厚度一致的圓片狀。以流水清洗後，拭乾。

取一支大炒鍋，放入 1 湯匙奶油，以文火熱油，再放入切成圓薄片的紅蔥頭，熱炒約 5 分鐘，將紅蔥頭炒軟。

❷ 取一個大焗烤盤，放入馬鈴薯片後，再放入紅蔥頭，擺入去葉百里香梗。把所有食材平坦置放，以求美觀。將小牛肉高湯倒至淹沒馬鈴薯的高度，送入烤箱烘烤 30 分鐘。

❸ 來處理小牛肉排囉……取一支大炒鍋，以大火熱鍋。在小牛肉排上徒手抹上 2 湯匙橄欖油，這是讓肉正反兩面均裹上一層薄油膜最容易的方法。把肉塊放入炙熱的炒鍋中，極為迅速地將整個表面煎得金黃。

❹❺ 把馬鈴薯紅蔥頭焗烤盤從烤箱中取出，把肉排放至焗烤盤上，讓骨頭朝上擺放，蓋上鋁箔紙，送入烤箱下層，烘烤 2 小時 30 分鐘。

當肉排烤熟了，先把整個完成品連同焗烤盤拿至餐桌，展示一下你美麗的工作成果，再帶回廚房，依照骨頭的方向，將肋排切開，再把肋排放至馬鈴薯上，撒點兒鹽與胡椒粉，上桌囉！

> **厲害喔！**
> * 小牛肉的肉質是非常脆弱的，需要慢慢烘烤。
> * 在烘烤的過程中，馬鈴薯將會吸附小牛肉高湯的所有風味。

> **喔，這樣不行喔，不、不、不！**
> * 烹煮之前或烹煮過程中，即先以鹽與胡椒粉調味。
> * 以過熱的烤箱溫度烘烤小牛肉。

切塊大小不同，
是很糟糕的切法！

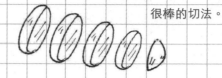

很棒的切法。

1 食材切塊大小一致時，可讓烹飪受熱速度一致。

水

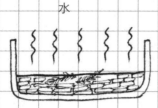

百里香 + 小牛肉高湯 + 紅蔥頭

2 水分蒸發的同時，蘊含在肉層的水分會
讓洋蔥與百里香的風味上竄至位於上層
的馬鈴薯上。真是美味啊！

這裡這裡，把這個部位加以
煎烤，就會變得十分美味。

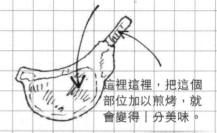

這裡這裡，把這個
部位加以煎烤，就
會變得十分美味。

骨頭是阻擋肉汁蒸發
的一道屏障。

3 香煎的目的在於啟動梅納反應，可
千萬別把肉給煎熟了。

香煎後的肋骨會釋放出香氣與風
味，沿著骨頭流下，增添肉塊中心
的香氣。

4 位於上方的肋骨，形成一道小城牆，阻擋
了肉中的水分蒸發，讓肉質保持軟嫩。

洋蔥

小牛肉高湯

百里香   小牛肉肉汁

紅蔥頭

5 如此一來，你的馬鈴薯將鎖住整道菜的所有香味。

羊肉

羊肉是我所偏愛的肉類之一。羊腿肉、羊肩肉、羊肋大排、羊小排……什麼！你不知道何謂羊小排？哦……這倒也是，很少人知道這塊肉的，但這可是塊上選肉呢，當然是我的最愛之一囉。我一定會教你一道好菜來處理這塊肉的……

一整年都是品嘗美味羊肉的好時節，但復活節假期的羊肉卻是最軟嫩美味的。你只要挑選「海濱牧場」羔羊（此地羊兒所吃的牧草常受到浪花或海水的灌溉滋潤，因此會讓羊肉略帶碘鹽的味道）或是乳羔羊（純以母羊奶餵養的羔羊）即可。若想要品嘗美味可口的肉質，放膽採購庇里牛斯山、波里亞克、西斯特宏等區的乳羔羊或改買英系沙夫克黑臉羊（Suffolk）、英格蘭南部的無角短毛乳羔羊（Southdown）也行。

以下是法國所販售的羔羊肉的各種名稱：
· 乳羔羊：單純以母羊羊奶餵養，於 5 ～ 6 星期大時宰殺
· 白羔羊：主要以牛奶餵養，於 3 ～ 4 個月大時宰殺
· 灰羔羊：已斷奶且超過 4 個月大後宰殺的羔羊
· 食草羔羊：其放牧地條件如同濱海牧場

烤盤的選擇也非常重要。假如烤盤過大，那麼烤汁將流得滿盤都是，容易被烤焦。假如烤盤尺寸與肉塊大小一致，烤汁將因肉塊本身保有熱度，而不會被烤焦。

提供一個個人小建議：在烹煮之前，我會先幫肉塊按摩。我的未婚妻總覺得我這個舉動看起來怪怪的，但光是靠這個按摩小動作即可斷開肌肉纖維，讓熱源能夠更迅速地進入肉的中心部位。

千萬別在肉上用刀子劃刀痕，試圖塞入蒜仁，這個舉動會產生讓肉汁流失的渠道！倒不如用刀子沿著骨頭方向畫溝，再把蒜仁塞至此溝中，不過，塞入肉中的蒜仁因無法烹煮完全，所以口感會是脆脆且嗆口的。最有效率且最棒的方式是提前一天醃漬肉塊：將蒜膜剝除、對半剖開，放至肉塊四周，蓋上鋁箔紙，放置常溫下醃漬至少 3、4 個小時，蒜香將會緩緩滲入肉中，之後，再將未剝除蒜膜的蒜仁放入烤盤中，新放的蒜仁將更能為肉塊與醬汁增添香氣。

法國人一向習慣將羊肉烤成 3 分熟，呈現玫瑰紅嫩的肉質。那是因為法國人習慣過高的溫度燒烤，只烤 3 分熟，才能確保肉的內部仍保有滿滿汁液。但我的看法是，應該再烤熟一點點，只要使用弱一點的溫度即可讓肉的風味完全釋放，讓肉質更加細緻，入口更為美味。

烘烤前，先煎一下，讓肉塊產生梅納反應！讓肉的香氣完全釋放出來。

烘烤溫度極為重要。專業烤肉師傅目前已絕跡了，以前的行家們會針對每道菜色，調整出最適當的時間與火候，以獲得他們想要呈現的肉質與口感。一根羊腿，只烤 2 個小時，也可能被烤柴了，但也可能像「7 小時羊腿」這道經典料理，烤上 7 個小時都還能保有油嫩多汁的口感。放膽將肉商一成不變的建議烘烤時間延長吧，他們總是建議：「半公斤的肉，其烘烤時間為 15 分鐘。」事實上，應該再烤久一點點，但要嚴守「文火」的規則喔！以低溫义火燒烤，肉汁將不會蒸發成水蒸氣留在肉塊裡，如此一來，所有的風味會被鎖在肉中，緩緩烤出入口即化的絕佳口感。

一頭重達 20 公斤的小羊，
其肉含 14 公升的水。

頸肉

嫩肩肋骨排

次要肋排與
主要肋排

菲力與
菲力肋排

脊肋骨肉

全羊腿

肩肉

上肋排

半羊腿肉

胸肉

香蒜迷迭香烤羊腿

為一大桌子好友所做的料理

烘烤羊腿的料理關鍵在於低溫。唯有低溫烘烤才能讓肉質出奇的柔軟。這是多單純的小確幸啊！但如何讓肉在經過 3 小時烘烤後，仍能保持軟嫩多汁呢？關鍵在於遇高溫就會蒸發掉的水分。若我們以高溫烘烤羊腿，則部分肉汁將會蒸發，肉質將會變得乾柴硬實且味道不足……而此道食譜所使用的烘烤溫度不高，羊腿肉汁將不會被蒸發掉，因而保留在肉中。嘻嘻嘻！

---

6 人份，備料時間：20 分鐘，醃漬時間：1 晚，烹煮時間：3 小時

食材：約重 2.5 公斤的羔羊腿肉 1 隻，去除蒜膜的蒜仁 4 瓣＋未剝除蒜膜的（含皮）蒜瓣 12 顆，新鮮的迷迭香葉細末 3 湯匙＋新鮮迷迭香 2 或 3 小株，橄欖油 6 湯匙，海鹽、現磨胡椒粉

做法：

前一晚進行醃漬作業（假如時間不夠，亦可當天早上再醃漬，但香氣就沒那麼足了）。取去皮蒜瓣 4 瓣，對半剖開，連同迷迭香葉與 2 湯匙橄欖油一起拌勻，於室溫下靜置至少 1 小時，讓味道充分混合，讓橄欖油融合蒜瓣與迷迭香的香氣。

❶ 將香蒜迷迭香橄欖油抹在羊腿上，用手按摩羊腿 2 ～ 3 分鐘，讓油的味道開始滲入肉中，以鋁箔紙包裹羊腿，醃漬一整夜。蒜瓣、迷迭香與橄欖油的香氣將會緩緩滲入腿肉中，賦予羊腿難以言喻的風味。

烹煮前 1 小時，將羊腿從冰箱中取出。以 220℃ 預熱烤箱。

❷ 把整株的迷迭香鋪在烤盤底部，放上羊腿，淋上 4 湯匙橄欖油。把烤盤送入烤箱，馬上將溫度調至 120℃。

羊腿外層將會變得十分酥脆。烘烤 2 小時後，將連皮蒜瓣放至羊腿四周，再烤 1 小時，烘烤過程中，用 2 根湯匙將羊腿翻面，請勿使用叉子翻面，以免在羊腿上穿刺出孔洞。

❸ 羊腿烤好後，用 3 倍厚度的鋁箔紙捲起，靜置 20 分鐘後再切片，並撒上鹽與胡椒粉提味。

一開始烘烤時，也可以將數顆馬鈴薯放入烤盤中一起烘烤，再將馬鈴薯當作配菜，搭配具嚼勁的優質生菜沙拉一起食用，或是做個家常馬鈴薯泥，塑型成小井狀，在薯泥井中倒入烤肉醬汁！孩子們愛死這種吃法了，我也是……

完美的做法

＊將羊腿醃漬整整一夜。烹煮前 1 小時，再把羊腿從冰箱中取出。
＊以極低溫的熱度烘烤羊肉。
＊將羊腿切片上桌前，先靜置羊腿。

喔不，千萬別這麼做啊！

＊把蒜瓣塞入肉中，這，真是天大的錯誤啊！
＊烹煮之前或烹煮過程中，即先以鹽與胡椒粉調味，喔，這也是一大錯誤！

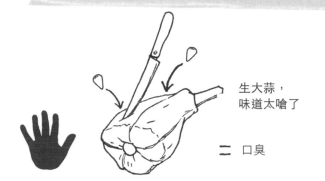

生大蒜，
味道太嗆了

二 口臭

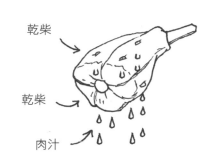

乾柴

乾柴

肉汁

嚴禁將蒜瓣塞入羊腿肉中！沒煮熟的蒜瓣，味道很嗆的，還會讓肉汁從你為了塞蒜瓣所挖的孔洞流失。

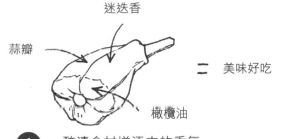

迷迭香

蒜瓣

二 美味好吃

橄欖油

1 醃漬食材增添肉的香氣。

鹽會使肉變乾。
而且胡椒粉經不起高溫烹煮。

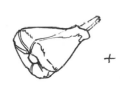

+ 二 多重梅納反應 二 美味！

2 橄欖油是一種能加倍那無可取代的梅納反應的油脂，
進而增添肉的風味與香氣。

乾柴

乾柴

乾柴

乾柴

二 肉汁 二 美味！！

3 羊腿靜置時，最為乾柴的外層將會吸飽中心部位的肉汁。

油封羊肩肉
（馬拉喀什在地風味料理）
充滿東方香氣與風味的一餐

這是摩洛哥的一道經典大菜，真正的祕訣在於先將羊肩肉油煎過後再浸漬。為何要先油煎呢？因為一旦醃漬過後，肉上將沾滿洋蔥、葡萄乾、糖漬檸檬與香草料等等無法一起烘烤的食材。這道食譜做法的另一項優勢在於賓客到場時，你無須一個人在廚房裡忙著烹煮，你大可陪朋友喝喝餐前酒，羊肩肉自會慢慢變熟……

---

6 人份，備料時間：10 分鐘，醃漬時間：2 小時，烹煮時間：3 小時

食材：請肉販切除肥肉部位、重約 1.8 公斤的優質**羊肩肉** 1 塊，削去薑皮且刨成絲狀的**生薑** 20 公克，拍扁的**蒜瓣** 2 瓣，去梗**芫荽**半把，**百里香**半把，**糖漬檸檬** 1 顆，**卡宴紅椒粉** 1 小撮，**小茴香（孜然）** 1 茶匙，白**葡萄乾** 2 湯匙，**不甜白酒** 1 杯，**雞高湯**半杯（盡可能在家自己熬，否則使用市售冷凍高湯亦可），**蜂蜜** 1 湯匙，**海鹽、現磨胡椒粉**

做法：

烹煮前 1 小時，將羊肩肉從冰箱中取出。

將 3 湯匙橄欖油倒入一只碗中，放入去梗芫荽細末、百里香、切成 4 瓣的糖漬檸檬、薑絲、紅椒粉、小茴香、蒜瓣與葡萄乾，充分拌勻，於室溫下醃漬 2～3 小時。

❶❷ 以中火加熱鑄鐵鍋，在羊肩肉上塗抹 2 湯匙橄欖油，再把羊肩肉放入炙熱的鑄鐵鍋中，帶皮面朝下放，油煎金黃後再翻面，當另一面也煎得金黃油亮，把肉塊放至烤盤上，把醃漬醬料淋在肉上，讓醬料充分覆蓋肉塊。於室溫下醃漬 2 小時。

❸❹ 以 140℃預熱烤箱，千萬不要高於這個溫度！把羊肩肉與醃漬醬料放入一只鑄鐵鍋中，倒入白酒與熱雞高湯，蓋上鍋蓋，放入烤箱，

烘烤 3 小時。你將會烤出骨肉分離、令人難以置信的軟嫩肉質，甚至只用一支湯匙，就可切割肉塊。

當肉已烤好，將肉取出，放至一張 3 倍厚的鋁箔紙下靜置。

❺ 把鑄鐵鍋放至火上，以中火加熱，倒入蜂蜜與鍋中烤汁拌和，濃縮熬煮至半量。

當醬汁已熬煮完畢，倒入細目網篩中過濾，並壓擠香草食材，萃取出所有的香氣醬汁。將羊肩肉切塊，放至已預熱的餐盤上，淋上濃縮醬汁，撒點兒鹽與胡椒粉。

把大家都招呼過來吧，端上桌，讓大夥兒開開眼界吧！

你可選用一些具摩洛哥風味的蔬菜當作配菜，例如來一道橙香紅蘿蔔沙拉或來點兒非洲庫司小米飯……

極致美妙的做法
＊醃漬前先油煎羊肩肉。
＊烹煮過程中，倒入高湯與白酒。

糟糕到不行的做法
＊烹煮之前或烹煮過程中，即先以鹽與胡椒粉調味。
＊以 140℃以上烤箱溫度烘烤。

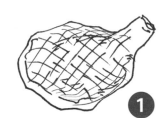

1 香煎羊肩肉的時刻，正是釋放風味的時機，這是梅納反應，你還記得我們說的原則吧！

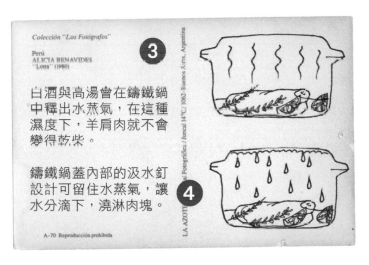

2 羊肩肉上煎得金黃的部位會在油煎過程中變乾，但之後將會往多汁的地方吸取汁液，當然首選之處就是醃漬醬汁了。

CORREO AEREO - AIR MAIL

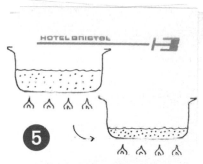

Colección "Los Fotógrafos"

Perú
ALICIA BENAVIDES
"Lotta" (1980)

3 白酒與高湯會在鑄鐵鍋中釋出水蒸氣，在這種濕度下，羊肩肉就不會變得乾柴。

4 鑄鐵鍋蓋內部的汲水釘設計可留住水蒸氣，讓水分滴下，澆淋肉塊。

A-70 Reproducción prohibida

LA AZOTEA Editorial Fotográfica / Juncal 14℃ / 1062- Buenos Aires, Argentina

HOTEL BRISTOL

5 當肉汁流失一部分水分，其味道會更加濃稠，熬煮成美味無比的醬汁。

PLAZA NECAXA 17 ESQ. PANUCO Y SENA COL. CUAUHTEMOC
06500 MEXICO.D.F.   TEL. 5-33-60-60 y 208-17-17

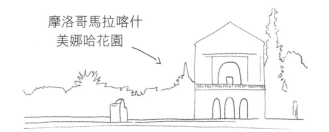

摩洛哥馬拉喀什
美娜哈花園

DIAPOSITIVE
Kodachrome

+

TRAITÉ EN FRANCE PAR KODAK

69

希臘風味羊肩肉
一道暖呼呼的寒冬料理

我第一次嘗到這道菜，是在希臘的赫德拉島上，那天是耶誕節，天氣有點兒涼，幾乎算是冷的了，而這道羊肩肉料理真是用來暖身的完美美食。這是一道令人驚艷萬分的菜色：羊肩肉所有的風味均融入一起烹煮的米型麵中，這也是一道在上菜前可讓你留在客廳陪賓客談天，無須在廚房裡忙進忙出的料理喔！

---

6 人份，備料時間：10 分鐘，烹煮時間：1 小時 15 分鐘

食材： 請肉販切除肥油且切成 12 塊、約重 1.8 公斤的**羊肩肉 1 塊**，切成細末狀的**蒜仁 4 瓣**，新鮮去梗的**奧勒岡葉半把**，500 公克裝去皮**番茄罐頭 1 罐**，**米型麵**（orzo）**300 公克 ❶** 若無米型麵，將義大利長扁麵切成 4 等分替代也行，**帕馬森乳酪絲 30 公克**，**橄欖油 3 湯匙**，**海鹽、現磨胡椒粉**

做法：

烹煮前 1 小時，將羊肩肉從冰箱中取出。

以中火加熱一只大平底鍋或炒鍋。利用熱鍋時間，將羊肉塊抹上 2 湯匙橄欖油，最簡單的方法就是將肉塊放入沙拉盆中，淋入橄欖油，徒手將肉與油拌抹均勻。平底鍋或炒鍋熱度已夠時，將羊肩肉放入，單面油煎，約 2、3 分鐘過後，肉色已呈漂亮金黃色，再翻面續煎。當肉塊雙面均已煎得金黃，將肉塊夾出，放至餐盤上。

❷ 將 1 大杯水倒入平底鍋中刮取熬合鍋中烹煮肉汁。

以 220℃ 預熱烤箱。

在烤盤中放入蒜末、奧勒岡葉、剝皮番茄、金黃油亮的羊肉塊與熬合美味肉汁而成的湯汁，充分拌勻後，淋上 1 湯匙橄欖油，送入烤箱烘烤。

烘烤 10 分鐘後，將溫度轉為 140℃，把烤盤從烤箱中取出。在烤盤上倒入 2 杯熱水與米型麵，充分拌勻，以確定湯汁充分淹沒米型麵。

❸ 再將烤盤送入烤箱烘烤 1 小時，其間需取出翻動數次，以確定肉塊均充分裹上醬汁。

當羊肩肉已烤熟，從烤箱中取出，撒點兒帕馬森乳酪絲、鹽與胡椒粉，可直接大器地連烤盤一起上桌，這樣粗獷的原貌是非常討人喜歡的！搭配 1 小杯希臘酒助興吧！

不可不知的絕招
* 將米型麵放入番茄醬與羊肉汁中烹煮，可讓米型麵緩緩吸收肉的滋味。

絕對禁止的做法
* 烹煮之前或烹煮過程中，即先以鹽與胡椒粉調味。
* 以過熱的烤箱溫度烘烤。

希臘赫德拉島

米型麵

1 形狀像麥粒一樣的小麵條。假如買不到，亦可將義大利長扁麵切成小塊狀取代。

水

肉汁　　肉汁

風味無窮的醬汁

2 略微沾附在平底鍋鍋底的烹煮肉汁，充滿美味。淋上些許的水，即可取下這些肉汁，加以熬合成醬汁。

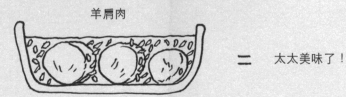

羊肩肉

＝　太太美味了！

蒜仁末＋奧勒岡草＋去皮番茄＋米型麵（麵條）

3 在番茄醬與羊肉汁中緩緩烹煮的米型麵，將吸飽醬汁的所有風味。

尚瓦隆風味烤小羊肋排

沒有這份食譜，如何烹煮出充滿小牛肉與小羊肉香氣的馬鈴薯呢！

這真是一道經典的法式料理。特別適合需要招待一大票人，卻又沒多少時間可躲在廚房裡料理的你。所有的味道融為一體，馬鈴薯充滿了小牛肉高湯與羊肉的風味……將此道料理放入烤箱 1 個半小時後，就大功告成了，而你正可利用烘烤空檔，與賓客們好好喝杯餐前酒……

---

6 人份，備料時間：15 分鐘，烹煮時間：1 小時 45 分鐘

食材： 優質羊肋排 12 根（最好選用脊骨肋排），自製小牛肉高湯 1 公升（或是市售冷凍高湯亦可，但勿用高湯塊調製），削去外皮、切成規則圓片、洗淨後拭乾的夏洛特品種馬鈴薯 1.2 公斤，剝除外皮且切成半圓片狀的中型洋蔥 2 顆，磨成泥狀的蒜仁 2 瓣，切成小丁狀的奶油 100 公克，去葉百里香 2 小株，橄欖油 2 湯匙，海鹽、現磨胡椒粉

做法：

烹煮前 1 小時，將小羊肋排從冰箱中取出。

以 120℃ 預熱烤箱。

加熱小牛高湯，並加入 1 株去葉的百里香與 1 瓣壓成泥狀的蒜仁一起熬煮。

在一個大焗烤烤盤上抹上奶油，放入 1/3 的馬鈴薯圓片。

以大火加熱炒鍋或大平底鍋。在小羊排各面均淋上些許橄欖油，並用手加以塗抹，讓羊排表面形成一層薄油膜。

❶ 油煎小羊排雙面各 1 分鐘，再將羊排並排，連同 1/3 量的馬鈴薯圓片一起擺入烤盤中。把最後 1 顆蒜瓣磨成泥狀與最後 1 株去葉百里香一起平均放至羊排薯片上。

❷ 以文火加熱先前用來煎羊排的那支平底鍋，放入洋蔥半圓片，翻炒 10 分鐘，將洋蔥炒軟。隨後將洋蔥片放至羊排層上。

❸ 再擺上剩餘的馬鈴薯片，擺成花瓣狀，以求美觀，加入剩餘的奶油小丁，以小牛肉高湯淋濕，覆蓋上鋁箔紙。

送入烤箱烘烤 1 小時，然後取下鋁箔紙，再烤 30 分鐘。

把烤盤從烤箱中取出，上桌前撒點兒鹽與胡椒粉。很簡單，不是嗎？

很棒的做法！

* 假如烤箱溫度沒有設定很高的話，羊肉是耐得住長時間烹煮的。
* 讓羊肉與高湯的味道慢慢滲入馬鈴薯中。

糟糕的做法！

* 油煎羊排之前先撒上鹽與胡椒粉。

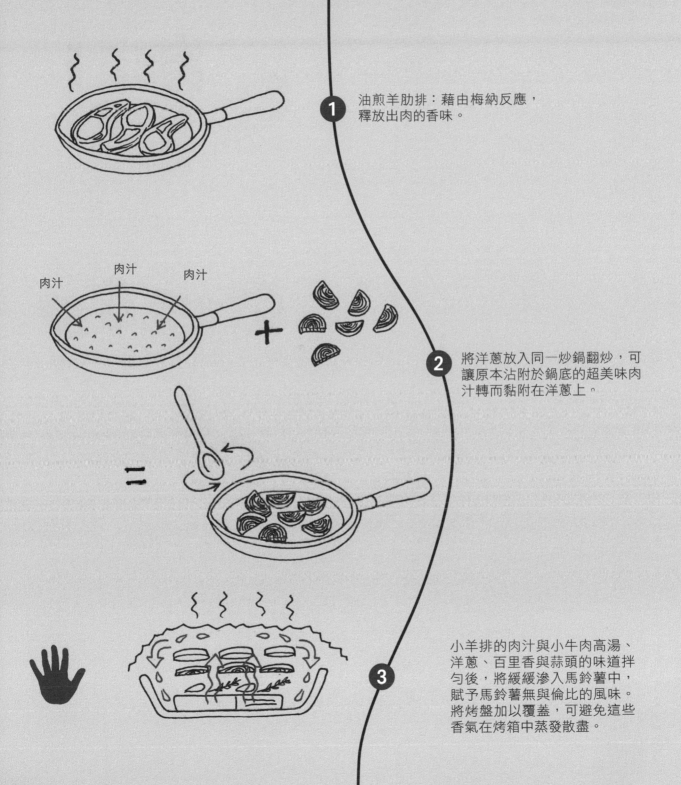

1 油煎羊肋排：藉由梅納反應，釋放出肉的香味。

2 將洋蔥放入同一炒鍋翻炒，可讓原本沾附於鍋底的超美味肉汁轉而黏附在洋蔥上。

3 小羊排的肉汁與小牛肉高湯、洋蔥、百里香與蒜頭的味道拌勻後，將緩緩滲入馬鈴薯中，賦予馬鈴薯無與倫比的風味。將烤盤加以覆蓋，可避免這些香氣在烤箱中蒸發散盡。

羊小排

識貨內行人的上選肉塊……

我還記得我媽媽從市場回來拎著一塊羊小排的模樣，因為她知道我愛吃這塊位於羊胸部位的肉，這是最美味的部位之一，但卻是最便宜的……帶骨跟不帶骨的都有，最好是買帶骨的羊小排，回家後再用鋒利的刀子仔細切除肥肉部位，你就可以大飽口福囉……

---

4 人份，備料時間：5 分鐘，醃漬時間：2 小時，烹煮時間：15 分鐘

食材：切除肥油部位的羊小排 1 公斤，去梗且切成細末狀、做成醃漬食材的迷迭香 1 小株，整株的迷迭香 2 小株，橄欖油 2 湯匙，奶油 2 湯匙，海鹽、現磨胡椒粉

做法：

❶ 取一個大烤盤，放入羊小排，加入橄欖油與去梗切成細末狀的迷迭香，讓油充分裹住肉塊，覆蓋上鋁箔紙，放置室溫下醃漬至少 2 小時。

❷ 啟動烤箱上烤架模式，以最高溫預熱 15 分鐘。把整株的迷迭香放入一只烤盤底部，把羊小排放至迷迭香上，肥肉面朝上層烤架方向擺放烘烤 10 分鐘，將肉塊烤至金黃，再將肉塊翻面，續烤至表面金黃，這次時間較短，5 分鐘就夠了。

❸ 當肉塊雙面均烤得金黃油亮，用 3 倍厚度的鋁箔紙將羊排包起來。撈除融出於烤盤上的油脂。

❹ 在去油的烤盤裡，倒入 1 湯匙水與奶油，刮取盤底沾黏肉汁，充分拌勻。

在肉塊上加點兒鹽、胡椒粉，把肉塊連同美味醬汁一起端上桌。你可大飽口福囉……

很棒，非常棒

* 烹煮前 2 小時，先以迷迭香醃漬羊小排。
* 先從肥肉部位開始烘烤，先烤融油脂。

糟糕，非常非常糟糕

* 烹煮之前或烹煮過程中，即先以鹽或胡椒粉調味。

74

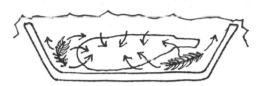

迷迭香 ⇒ 橄欖油 ⇒ 肉塊

1 迷迭香的香氣將會滲透入肉塊與橄欖油中，而橄欖油也能增添肉塊的風味。

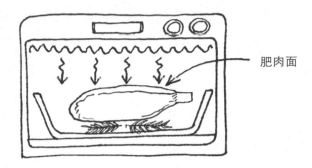

肥肉面

2 肥油部分將會融解，增添肉的香氣。

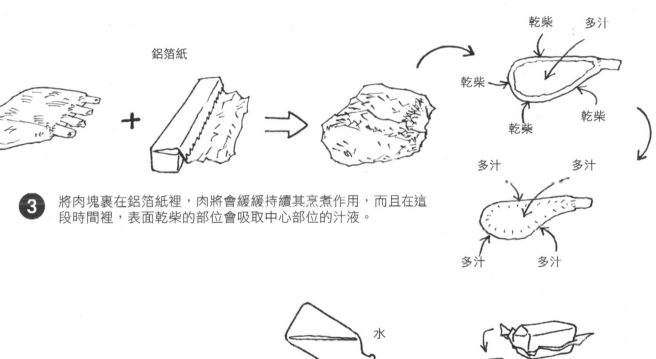

鋁箔紙

乾柴　多汁

乾柴

乾柴　乾柴

多汁　多汁

多汁　多汁

3 將肉塊裹在鋁箔紙裡，肉將會緩緩持續其烹煮作用，而且在這段時間裡，表面乾柴的部位會吸取中心部位的汁液。

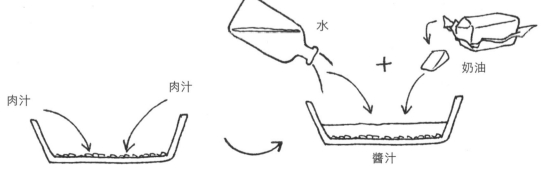

水

奶油

肉汁　肉汁

醬汁

4 附在烤盤底的這些肉汁，香氣十分濃郁，只要加點兒水與奶油一起調和，你就有美味醬汁可淋囉。

豬肉

「豬的全身上下都好吃！」這句俗諺大家都知道！人們甚至利用豬去製造印表機墨水、輪胎與牙膏呢！豬，總是被汙名化，事實上，牠是一種聰明、貼心、愛玩的動物呢。只可惜，諺語傳世久遠啊！

我覺得人們並未充分料理豬肉。這是一種香氣十足、軟嫩且味濃的肉，值得細心料理：得細火慢煮才行。這就是祕訣所在啦！細火慢煮，才不會把肉煮老了。再説了，豬肉並非是油脂豐富的肉，牠和牛肉不同，其油脂並非蘊藏在肌肉纖維當中，而是位處於表面，這層皮下肥油可輕易取下，因此，放膽料理豬肉吧，這塊肉將是美味無比的啊！

豬隻和牛、小牛與羔羊一樣，有著不同的品種，但是由於豬隻經常混種交配，因此，不同品種的豬肉，其味道倒是沒有十分明顯的差異性。影響味道的最主要關鍵，事實上是畜養的方法。優先選擇以戶外放牧方式所畜養的農場豬隻，不要挑選那些被養在擁擠室內的電宰雞與豬隻啊。

有一種品種的豬肉，是我挑來料理節慶餐點用的，就是科西嘉島豬，那是與野豬混種交配而生的半野生豬，長年在戶外跑，以橡實與栗子為食。

以往農家每年都會養一隻豬，但因為他們都以餿水廚餘餵養動物，所以肉總帶點兒腥臊味。但這段時間以來，豬隻的畜養已有明顯發展，豬肉成為全世界最大的食用肉品，現在幾乎都以穀類餵養豬隻，豬吃廚餘的時代已結束了……

豬隻身上最美味的區塊是火腿肉：哦！西班牙貝洛塔黑蹄火腿（Bellota pata negra）是火腿肉上上之選啊！一種令人難以置信、美味的生火腿哪。黑蹄豬通常都是戶外放養，幾乎都以橡實餵食，橡實讓這種豬肉的油脂帶有果香，吃在嘴裡餘韻長久，有如好酒入喉一樣。而且，這種火腿非常有益健康，可以降低壞膽固醇。好吧，我同意你的想法，的確是很貴，每公斤要價超過 100 歐元，但假如你能品嘗一次，只要一次就好，衝去買來吃看看嘛，你這輩子都會記住那個味道的。

説到令人讚不絕口的豬肉產品，還有義大利托斯卡尼科隆納塔小鎮的鹽漬臘肉（lard de Colonnata），豬背上的肥油肉與其他香料放置於大理石缸中醃漬 6 個月以上，成為極為雪白、香氣四溢、風味絕佳的美味臘肉。通常人們會切成極薄薄片，放在烤吐司上，任油脂融化，真是單純的美味享受啊。很難找到，但和西班牙貝洛塔黑蹄火腿一樣，至少要吃過一次啊！一種難以言喻的食物啊……

還有豬血腸、豬下水、豬耳朵、豬腳、豬尾巴……這些都是屬於豬內臟商的營業範圍，而非豬肉商的領域。還有培根與義式培根……在法國買到的幾乎都不是真正的培根肉。還是選用煙燻五花肉吧，這反倒比較接近真正培根的風味！那種圓滾滾的培根是加拿大風味的，就像在速食餐廳裡用的漢堡肉一樣，你知道我的意思吧……

關於豬肋排料理，我一向以低溫來處理，以免豬肉的水分蒸發掉，讓肉質變得乾柴。那道大名鼎鼎的 BBQ 醬香豬肋排，我會花上 5 小時以上來料理呢。肉排緩緩浸漬在油中，肥油融解，讓肉質變得有如預期般軟嫩，肉中的水分只要不以高溫烹煮，就不會蒸發掉，一道完美的豬肋排料理啊！

其實，你知道嗎？法文字「豬肉食品商」（Charcutier）這個字源自於「肉類」（chairs）、「烹煮者」（cuitier）這兩個字嗎？很久很久以前，豬肉食品商是會幫人烹煮肉類食物的。

一頭重達110公斤的豬，其肉含 77 公升的水。

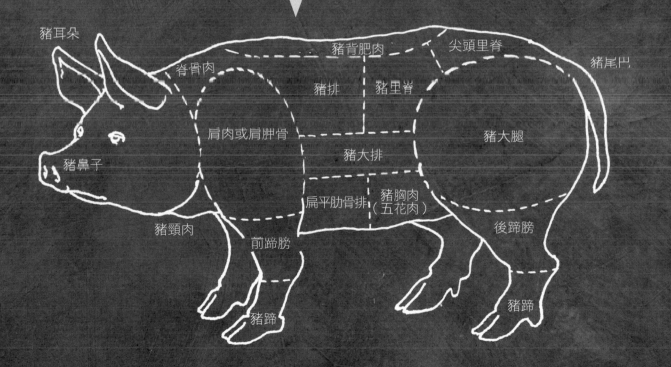

豬耳朵

脊骨肉

豬背肥肉

尖頭里脊

豬尾巴

豬排　豬里脊

肩肉或肩胛骨

豬大腿

豬鼻子

豬大排

扁平肋骨排　豬胸肉（五花肉）

豬頸肉

前蹄膀

後蹄膀

豬蹄

豬蹄

乳香烤豬肉

令人驚艷、極為軟嫩美味喔……

試著找到農場飼養豬肉，來做這道料理吧，因為其味道遠勝於以工業化畜牧方式所飼養的豬隻。用牛奶來烤豬肉？似乎是個奇怪的點子，其實不然，在這道菜裡，你將品嘗到入口即化、香氣十足的美味烤肉。請注意，至少要先預留 2、3 小時的醃漬時間喔。

---

6 人份，備料時間：20 分鐘，醃漬時間：2 小時，烹煮時間：2 小時 15 分鐘

食材：用棉線綁緊、重達 1 公斤的**烤肉用脊骨豬肉** 1 份，剝除外皮且切成半圓片狀的洋蔥 2 顆，縱向對半剖開的月桂葉 2 片，剝除蒜膜且對半剖開的蒜仁 10 瓣，現磨肉豆蔻仁粉 1 小撮，百里香 6 小株，牛奶 1 公升，新鮮鼠尾草 6 片，橄欖油 2 湯匙，海鹽、現磨胡椒粉

做法：

香煎豬肉前 1 小時，將豬肉從冰箱中取出。

以中火加熱與肉塊相同大小的鑄鐵鍋。在肉塊上澆淋 2 湯匙橄欖油，並用雙手輕抹，讓整塊烤肉完整裹上一層油膜。當鑄鐵鍋已熱，放入烤肉油煎各面，約 10 分鐘後，當烤肉表面呈現金黃油亮，即可將烤肉從鍋中取出，放置餐盤上。

❶ 把火候轉小，將已剝皮的洋蔥半圓片放入鑄鐵燉鍋中，略微煎黃，再加入百里香、月桂葉、蒜仁、鼠尾草與肉豆蔻仁粉。

❷ 倒入牛奶，盡量刮取沾黏於鍋底的肉汁。熄火後，放入肉塊、剝皮蒜仁。

❸ 蓋上鍋蓋，醃漬 2 或 3 小時，醃漬過程中需將肉塊翻面 3 ～ 4 次，好讓醃漬醬料的香氣能從四面八方滲入肉層中。

❹ 以 140℃ 預熱烤箱。把鑄鐵鍋放至火上，以文火緩緩加熱，讓牛奶略微冒煙，千萬別把牛奶煮滾了，當牛奶開始冒煙，即可蓋上鍋蓋，把整個鑄鐵鍋放入烤箱。

❺ 緩緩烘烤 2 個小時，烘烤過程中需以湯匙將烤肉翻面，避免在烤肉上刺出孔洞。當肉已烤好，把烤肉取出，以 3 倍厚的鋁箔紙加以包裹，以保持熱度。並以中火熬煮醬汁 10 分鐘。當醬汁已夠濃稠，即以細目網篩加以過濾。

將烤肉切片，撒上鹽與胡椒粉，淋上絕美醬汁，上菜囉！美味多汁，可不是嗎？

沒錯！
＊先將豬肉加以油煎再醃漬。
＊以低溫烘烤豬肉，以免肉質變得乾柴。

不行！
＊在烹調前或烹調過程中，即以鹽與胡椒粉調味。

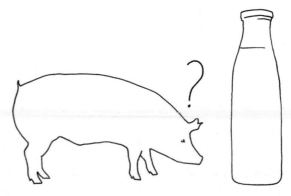

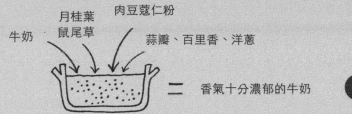

牛奶　月桂葉　肉豆蔻仁粉　鼠尾草　蒜瓣、百里香、洋蔥　＝　香氣十分濃郁的牛奶

1 所有食材的香氣將會融為一體，賦予牛奶無與倫比的風味。

蒜仁　＋　大火　＝　燒焦的蒜仁　＝　嗆辣味苦　＝　令人作噁的味道！

2 蒜仁承受不了燒烤，會變得嗆辣味苦。

乾柴　乾柴　乾柴　乾柴

乾柴的部位將會吸取一部分充滿香氣的牛奶。

3 假如你先油煎肉塊，烤肉外層會略微變乾，將會往最有水分的地方吸取，換言之，也就是吸取牛奶。

水蒸氣會轉變成水，落在烤肉上。

4 牛奶會稍微轉變成水蒸氣。當這些水蒸氣與鍋蓋相接觸，即會變成水，落下澆淋烤肉。

味道更豐厚！！

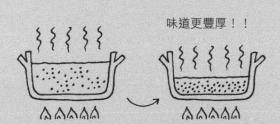

5 熬煮醬汁的過程中，會讓醬汁中的些許水分蒸發，醬汁將會變得更為濃郁，香氣更足。

鼠尾草蒜香豬排

為飢腸轆轆的食客們所準備的一道料理

當你必須填飽 6、7 位飢腸轆轆的賓客的胃時，這道菜是最完美的料理。溫和的烹煮方式讓肉質十分軟嫩，充滿著洋蔥、紅蘿蔔、蒜頭、鼠尾草與百里香的味道。傳統有如木柴般乾硬的烤肉根本無法與這道料理相提並論！烹煮時間略長，但有什麼比得上你和朋友們喝著一小杯餐前酒的同時，還能聞到所有食材混合飄香的幸福呢？

---

6 ～ 7 人份，備料時間：15 分鐘，烹煮時間：3 小時 15 分鐘

食材：略微切除肥油且重達 2.5 公斤的豬排肉 1 塊，拍扁的蒜瓣 5 瓣，洋蔥 5 大顆，紅蘿蔔 5 大根，新鮮百里香 5 小株，新鮮鼠尾草 12 片，橄欖油 2 湯匙，奶油 2 湯匙，海鹽、現磨胡椒粉

做法：

香煎肉排前 1 小時，將豬肉從冰箱中取出。

以 140℃ 預熱烤箱。剝除洋蔥外皮，切成厚圓片狀；以同樣手法處理紅蘿蔔。

❶ 以大火加熱大鑄鐵鍋。在豬肉排上淋上 2 湯匙橄欖油，並用雙手輕撫，讓肉排裹上一層薄油膜。把肉排放入炙熱的鑄鐵鍋中，先煎有肉的那一面，之後再翻面，香煎肉排各面。當肉排已煎得金黃油亮，並釋出香氣，即可將肉排放至餐盤上。

❷ 把火候轉小，將洋蔥片、紅蘿蔔片、蒜瓣與百里香放入鍋中，略微香炒 5 分鐘。取出一個足以容納所有蔬菜食材與大肉排的大烤盤，把鑄鐵鍋裡的食材放入烤盤，並在上頭擺放鼠尾草，最後再擺上帶骨大肉排，骨頭面朝上擺放。

❸ 將 1 大杯水倒入大鑄鐵鍋中，開大火煮滾，仔細刮取鍋裡殘留肉汁。把鑄鐵鍋肉汁高湯倒入烤盤中。

❹ 用鋁箔紙緊密蓋上烤盤，送入烤箱烘烤 3 小時。烘烤過程中，數次以肉汁澆淋肉排。別忘了要再將鋁箔紙蓋上喔。

❺ 烘烤完成前 20 分鐘，將鋁箔紙取下，把肉塊翻面，讓帶骨面朝下，再放入烤箱中烘烤。當肉排已烤好，將肉排從烤箱中取出，以 3 倍厚的鋁箔紙包裹，靜置 15 分鐘後再切片。

利用靜置肉排的空檔，將奶油放入烤盤中，利用餘熱讓奶油在蔬菜上融化，略微拌勻。

把大肉排切成片，把蔬菜擺在肉旁，撒上鹽與胡椒粉，幫你那些乖乖坐在餐桌旁等著好菜上桌的朋友們出菜吧！

此道菜也很適合佐以新鮮四季豆、烤蘆筍一起食用……

不可不知的小祕訣

* 以文火烹煮，避免肉汁過度蒸發。
* 鋁箔紙可以避免肉汁蒸發，並讓水蒸氣滴下，澆淋肉塊與蔬菜。

絕對禁用的手法

* 在烹調前或烹調過程中，即以鹽與胡椒粉調味。
* 未將烤盤密封住。

當你油煎露在肉外的骨頭時，例如圖示中的大肉排，骨頭將會釋放出味道與香氣，而這些氣味會沿著骨頭順流而下，增添肉中心部位的味道。

煎得金黃油亮
= 多帶點兒味道

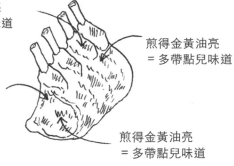

煎得金黃油亮
= 多帶點兒味道

煎得金黃油亮
= 多帶點兒味道

煎得金黃油亮
= 多帶點兒味道

1 你終於明白當梅納反應作用強大時，風味就會倍增。

2 以這個角度擺放，骨頭可避免肉塊的肉汁過度蒸發。

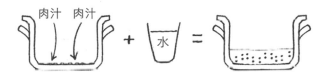

3 這些肉汁風味十足。我們可熬成讓肉塊與蔬菜味道更具層次的醬汁。

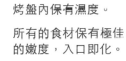

烤盤內保有濕度。

所有的食材保有極佳的嫩度，入口即化。

4 鋁箔紙讓烤盤內保有濕度，因此肉塊與蔬菜不會變乾，充分保有入口即化的軟嫩口感。

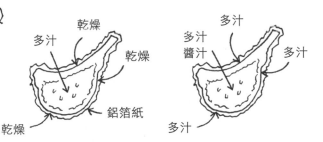

5 靜置中的肉仍持續緩緩烹煮，而略微乾燥的外層將會吸取中心部位汁液，肉塊將會變得更加多汁，肉質更加軟嫩，因肉汁均勻分布在整塊肉塊中。

BBQ 醬香豬肋排

真正的逸品：軟嫩、油滑、香氣四逸！

美式料理的一大經典作品。要做出美味、入口即化的豬肋排，要訣在於以接近 100℃ 的低溫加以烘烤，讓油脂慢慢浸漬封住肉排的軟嫩與汁液。再說，若以正確方法烘烤肉排，光是用手，就可把肉骨取下。烘烤時間的確是夠長的了，5 個半小時，但可以讓人品嘗到令人難以置信的軟嫩肉質耶。

---

6 人份，備料時間：15 分鐘，醃漬時間：1 晚，烹煮時間：5 小時 30 分鐘

食材：肋排 2 公斤（千萬別挑肥肉太多的），蘋果汁半公升
BBQ 醬汁食材：剝除蒜膜且拍扁的蒜仁 2 瓣，法式迪戎黃芥末醬 2 茶匙，巴皮卡紅椒粉（paprika）1 茶匙，蘋果酒醋 3 茶匙，梅林辣醬油 3 茶匙，蜂蜜 2 茶匙，黃糖（cassonade）2 茶匙，卡宴紅椒粉 1 小撮，蘋果汁 1 杯半，番茄醬半杯

做法：

❶ 提前 1 晚調製醬汁，讓所有的食材有足夠時間釋放出香味。把所有的食材放入湯鍋中，以文火熬煮 10 分鐘，確定糖已充分溶解，放置冷卻。

❷ 取一個足以容納所有肋排的烤盤，把肋排放入，倒入 BBQ 醬汁，淹沒所有肋排，覆蓋上保鮮膜，放入冰箱冷藏 1 晚。

隔天烹煮前 1 小時，將肋排從冰箱中取出。

❸ 以 100℃ 加熱烤箱。細心將烤盤上肋排帶骨面朝上擺放，倒入 1 杯蘋果汁，用鋁箔紙緊密蓋緊，送入烤箱烘烤 2 小時。把烤盤取出，倒入剩餘的蘋果汁，再次蓋緊後，繼續烘烤 2 小時。

❹ 掀起鋁箔紙，撈除融於烤盤上的油脂，將肋排轉向，讓帶骨面朝下，再放入烤箱中烤 45 分鐘。

將肋排翻面後，續烤 45 分鐘。撒上鹽與胡椒粉，擺上大餐巾，像孩子一樣，用手拿著吃吧！

很棒喔！

＊蘋果汁會在烤盤中化為蒸氣，為肋排增添香氣。
＊以 100℃ 烘烤，肉中的水分幾乎不會蒸發，肉質因而可保持多汁。

絕對禁止喔！

＊在烹調前或烹調過程中，即以鹽與胡椒粉調味。
＊以 100℃ 以上的溫度烘烤。

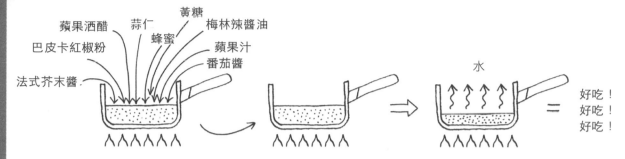

蘋果酒醋　蒜仁　黃糖
　　　　　蜂蜜　　梅林辣醬油
巴皮卡紅椒粉　　　　蘋果汁
　　　　　　　　　番茄醬
法式芥末醬

水

好吃！
好吃！
好吃！

1 食材的香氣會在熬煮過程中釋出，一部分的水分也會蒸發，留下香氣濃郁的
醬汁。

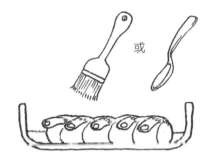

或

2 最簡單的方法就是用大刷子刷塗。假如你手邊
沒有刷子，那麼用湯匙背塗抹，也同樣可行！

蘋果汁的蒸氣會再落下澆淋肋排。

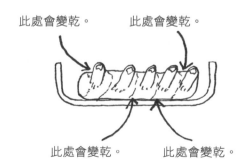

此處會變乾。　　　此處會變乾。

3 蘋果汁會轉變為蒸氣，再落到肉排上。
肥肉慢慢融解，滋潤肋排。肉質在油封
狀態下不會變得乾柴。

此處會變乾。　　　此處會變乾。

4 肋排的外層將略微變乾：進而吸取 BBQ 醬汁，
就像吸墨水紙吸取墨汁的道理一樣。

脆皮五花肉

亞洲風味

我們很少烹煮五花肉，但這真是一塊美味香嫩的肉，而且價格真的不貴！亞洲人超愛用這種方式料理的，因為一口咬下，豬皮爽脆，肉塊緩緩化於口中，醬汁略帶鹹甜美味，可搭配數片黃瓜片與紅蘿蔔片，拌著淋上越南春捲沾醬的泰式香米飯一起享用！

---

4 人份，備料時間：10 分鐘，醃漬時間：1 晚，烹煮時間：1 小時 10 分鐘

食材： 1 公斤重的**豬五花肉** 1 塊
醃漬用食材： **五香粉** 1 湯匙（芫荽籽、八角、肉桂、丁香粒、茴香籽），**蜂蜜** 2 湯匙，**甜味醬油** 2 湯匙，**巴薩米克醋** 1 茶匙，**鹽** 1/4 茶匙，**海鹽、現磨胡椒粉**

做法：

❶ 把五花肉放至烤盤上，豬皮面朝上，淋上滾燙熱水。1 分鐘後，將肉取出，充分拭乾，在豬皮層上，用刀子畫出數公釐深度的網格刀痕。

❷ 把醃漬食材全放入碗中，緊實拌勻。把半量的醃漬醬抹在肉塊上，略微按摩肉塊，讓肉塊可以因醬汁而入味。覆蓋上鋁箔紙，放入冰箱冷藏 1 晚。剩餘醃漬醬汁亦置於冰箱冷藏。隔天，烹煮前 1 小時將肉塊從冰箱中取出。

❸ 以 200℃ 的溫度預熱烤箱。把肉塊從醃漬醬中取出，將烤架擺至烤盤，再將肉塊放至烤架上，帶皮面朝上，將 1 杯水倒入烤盤中，烘烤 20 分鐘。

將烤箱溫度降為 160℃，用剩下的醃漬醬汁塗抹五花肉，再放入烤箱烘烤 40 分鐘，此時醃漬醬汁將會緩緩地讓五花肉表面呈現焦糖層，在烘烤過程中，在肉塊上多澆淋幾次醬汁，焦糖皮層將會更加完美呈現。

最後，讓皮層呈現酥脆狀的時候到了。把烤箱改為烤架烘烤模式，烘烤豬皮層 10 分鐘，要烤得金黃油亮，但得小心別烤焦囉。

隨即趁熱上桌了！

滿分的做法

＊ 事先汆燙豬皮。
＊ 讓醃漬醋汁軟化肉質。
＊ 讓五花肉在溫和的烹煮過程中浸漬入味。

零分的做法

＊ 在烹調前或烹調過程中，即以鹽與胡椒粉調味。
＊ 讓豬皮層在烤箱烤架層下烤焦了。

1 這些小格子會讓醃漬醬汁更加滲入肉層。

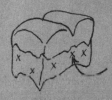

蘋果醋的酸性
會侵入膠原層

2 蘋果醋的酸性將耗損肉的膠原層，
讓肉質軟嫩。

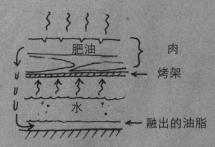

3 我們把肉放至烤架上，如此一來，肉就不會浸漬在自身釋
出的油脂裡，也不會煮成油炸料理。水所釋出的水蒸氣可
避免肉質變得乾柴。

焗烤薯泥豬血腸

若非有這道食譜，不然還真不知該如何料理豬血腸呢

我到 30 歲才第一次品嘗到豬血腸，但一吃上癮！我超愛的！在這道料理中，我們結合蘋果與馬鈴薯，以提供不同層次的超絕配口感：豬血腸有似奶油般細緻的口感與獨特的味道，馬鈴薯泥柔軟順口，蘋果泥賦予微酸風味。通常我會使用單人份的陶瓷烤碗來料理這道菜。小心喔，你的瞳孔將散發出幸福的光彩！

---

4 人份，備料時間：15 分鐘，烹煮時間：30 分鐘

食材：豬血腸 400 公克（去住家附近最棒的肉店裡買吧，千萬別買超市裡販售的），**奶油** 1 茶匙 + 塗抹焗烤碗用的奶油些許，依照第 162 頁製作的**薯泥，鮮奶油** 100 公克，**小皇后品種蘋果** 2 顆（Reinette），**海鹽、現磨胡椒粉**

做法：
依照第 162 頁方法製作薯泥 200 公克。

取下豬血腸的腸衣，把豬血腸肉餡放入平底鍋中，以中火油煎 2 分鐘。再加入鮮奶油，把鍋裡食材放入蔬果研磨機中加以研磨成細泥狀，攪拌均勻後，倒入大碗中備用。

❶ 製作蘋果泥：削去蘋果皮，切成瓣狀，去籽，在鍋裡加入奶油與 1 湯匙水，放入蘋果片，蓋上鍋蓋，以極微火熬煮蘋果 10 分鐘。把蘋果泥倒入蔬果研磨機中，磨成極細泥狀。

❷ 以 120℃ 預熱烤箱，取 4 個小陶瓷烤碗，碗中略抹奶油，把蘋果泥倒入鋪底，再倒入半量的豬血腸泥，倒入 1 層薯泥後，再倒入剩餘的豬血腸泥。

❸ 以鋁箔紙蓋上陶瓷烤碗，放入烤箱烘烤 20 分鐘，讓所有食材加熱回溫即可。

掀開鋁箔紙，加點兒鹽與胡椒粉，上桌囉！

用餐愉快喔！

切記
＊肉商販賣的豬血腸已煮熟。
＊使用原味豬血腸。

該忘掉的點子
＊沒有用鋁箔紙覆蓋陶瓷烤碗。
＊以超過 120℃ 的溫度回溫加熱。

1 加熱時，蘋果中的水分會轉變成水蒸氣，鍋裡的水蒸氣接觸鍋蓋後，又會化成水，落在蘋果上，因此你的蘋果泥將會更加濃郁，少有乾澀口感。

2 在烹煮過程中，蘋果果泥的香氣將會緩緩上竄至薯泥層，而薯泥層的香氣會上升至肉腸層，賦予肉腸無與倫比的美味。

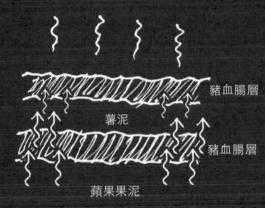

豬血腸層

薯泥

豬血腸層

蘋果果泥

3 鋁箔紙會留住烹煮時所釋出的水氣，讓焗烤薯泥血腸不會變乾，保有軟嫩、入口即化的口感。

家禽

所有的家禽都十分美味：鵪鶉、鴿子、野雞、珠雞、鴨子、子雞、肉雞、公雞、閹雞、閹母雞、火雞、鵝……

閹雞，是頂級中的頂級，是家禽之王！這是一種遭到去勢閹割的公雞，只為了養出風味濃郁軟嫩的肉質。閹雞的養殖，真的是行家的專業了，過程十分複雜，養到 120 天大時宰殺，還得清爪子、洗乾淨、小心拔毛，用剪刀剪掉細絨毛，以免傷及雞皮……然後還得裝進粗布袋裡 48 小時，以塑造出漂亮的外型。

現在除了閹公雞，也有閹母雞（摘除卵巢的小母雞）與珠雞。以往得在節慶時節才能買到這些特殊雞種，但現在一年到頭都可以跟優質肉商預定，試試看吧。這些雞隻至少夠讓 6 ～ 8 位賓客大飽口福的。

我們也可依照品質將家禽分為 4 大等級：布列斯產地家禽（volail de Bresse）、紅標認證牧場家禽、有機飼養家禽與工業飼養家禽（讓人避之唯恐不及的家禽）。

在法國唯一的產地認證家禽（AOC），就只有布列斯產地家禽，有肉雞、閹公雞、閹母雞與火雞，這些家禽的品質相當相當優良，因為布列斯的土地上提供了家禽們酷愛的小蟲子。每隻布列斯家禽至少享有 10 平方公尺的草地可覓食（相對於牧場家禽僅有 2 平方公尺，而屠宰場上的工業養殖雞連個草地都沒有，因為這些家禽完全養在戶內，從不見天日）。布列斯家禽一大早就出門，這樣才能吃到一早出門散步等著被雞吃的蟲子，然後一整天待在外頭，直到日落西山，等著牠們最愛的蟲子自己送上門來，享受美食大餐。此地

的每隻家禽都受到謹慎的對待：以天然的方式餵養、於 10 ～ 15 天最佳肉質時宰殺；絕大多數以人工方式宰殺與除毛……掉了爪子或是變形的家禽，都會被剔除在產地認證等級之外。總之，真正的布列斯產地家禽是不會切塊出售的。

紅標認證農場家禽擁有較小的草地：每隻雞至少 2 平方公尺，但某些養殖農場會擴建至 10 平方公尺。奔跑草地愈大，家禽找到天然且優質的食糧愈多。農場家禽終其一生需有一半的時光在此草地上奔跑，從早上 9 點至日落西山。其糧食必須含有 75％的穀類。這是一種非常棒的家禽，有許多不同的品種，每種品種各有特色：黃雞、烏骨雞與白雞，味道均不盡相同，所以依照自己的喜好挑選購買吧！這些雞隻的飼養期要比標準飼養期多達 2 倍半之久（至少 81 天）。

至於有機家禽，噢！有機家禽啊！關於它們的名稱，人們總是意見很多。有機飼養的場地窄小，大約 200 平方公尺，限制只能養 500 隻家禽。換言之，每隻家禽可享有 0.8 平方公尺的位置。至於奔跑草坪，每隻雞最少有 4 平方公尺（但與一隻農場雞相比，奔跑草坪少掉了兩倍半之多，而有機家禽也必須在奔跑草地上度過至少一半的成長期。事實上，之後會變成有機品種的小雞，並不盡然都是有機母雞所生的，只是牠們的糧食必須 90％ 以上都是由有機食材所構成，不能打抗生素治療。正如農場雞一樣，牠們最快會在 81 天時宰殺。就味道口感來說，有機雞並不見得是最好吃的雞，還得視品種而定，但最起碼是一隻健康的雞隻。現在已有所謂的有機農場母雞，啊！這種雞就完全不一樣了！這種雞隻是以農場飼養的方式來培育，然後以健康的方式養殖，所以假如有看到這種雞，趕快衝去買吧！就

算牠們仍然不屬於紅標認證的雞肉，但是也相去不遠了。

工業養殖雞……啊！這真的是亂七八糟了！工業養殖雞（還不如說是小雞呢，因為牠們在 1 個月大的時候就宰殺掉了。）幾乎從不見天日，而且隨便亂吃，在 1 平方公尺的範圍內，就塞了二十幾隻，1 個月大時，其體重就已有農場雞兩個半月大的重量。而且吃起來味道真不好。因此強力建議：寧可少吃雞肉，要吃就要吃優質的。

要烤出全世界最美味的烤雞，有個從來都不曾曝光的天大祕密！
你要趕緊將綁住整隻雞的棉繩解開！這條線只是讓雞隻看起來更有型，更方便運送罷了。不過，在烹煮過程，這條線可就礙事了。棉線未拆，雞腿就會緊貼著雞胸，無法適度受熱，會形成雞腿未煮熟，但雞胸肉卻已煮過頭、變得乾柴的窘境。因此，拆下這條棉線吧，將雞腿略微拉離雞胸部位，讓熱度可以暢行無阻，以均勻加熱的方式烹煮。Ok？

重達 1.8 公斤的雞
含有 1.2 公升的水

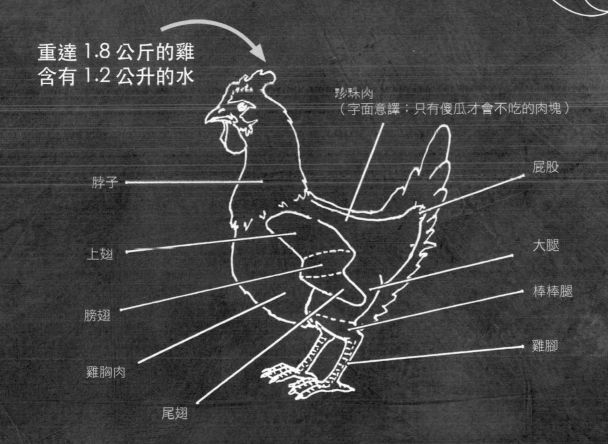

珍珠肉
（字面意譯：只有傻瓜才會不吃的肉塊）

脖子

上翅

膀翅

雞胸肉

尾翅

屁股

大腿

棒棒腿

雞腳

雞肝肉凍
一起分享的漂亮前菜

一旦你自己用這份食譜試做過這道料理，你將再也不會去買市售的雞肝肉凍了，自己動手做，好吃多了，而且又很容易完成。提前 4、5 天準備，讓味道有時間釋放出來。小心喔，你的朋友們回家時，會想外帶一塊的，所以把肉凍做大一點。若有人跟你說要以 160℃ 或 160℃ 以上的溫度，以隔水加熱的方式烹煮，請採取保留態度吧，因為這個原則實在是太蠢了。

---

6 人份，備料時間：15 分鐘，醃漬時間：1 晚，烹煮時間：3 小時

食材：雞肝 500 公克（你可以混 1/3 的兔肝），豬脊骨肉 250 公克，豬五花肉 250 公克，豬板油片 200 公克，百里香 3 小株，月桂葉 2 片

醃漬用食材：剝除蒜膜的蒜仁 3 瓣，對半剖切的月桂葉 1 片，現磨小肉豆蔻仁粉 1 小撮，洋香菜 12 小株，干邑白蘭地 100cc，葡萄牙波爾圖葡萄酒（porto）50cc，雪利酒醋（或葡萄酒酒醋）50cc，百里香 4 小株，海鹽 12 公克（2 滿茶匙半），現磨胡椒粉 3 公克（半茶匙）

做法：
前一晚，將豬脊肉用食物研磨機打成絞肉狀。把豬五花切成如小臘肉丁的小塊狀。挑除雞肝上的白筋與可能會出現的小綠斑，把雞肝切成 4 等分。把蒜仁切成粗粒狀，芹菜葉粗切成小片狀。

❶ 把上述所有食材放入大盆中，倒入白蘭地、波爾圖葡萄酒、酒醋、去粗梗百里香 4 小株、月桂葉、肉豆蔻仁粉、鹽與胡椒粉，充分拌勻，放至冰箱醃漬 1 晚，時而攪拌，讓所有味道能夠融合。

隔天，以 120℃ 預熱烤箱。

❷ 把豬板油片放至瓦製烤盆底部與四周，在醃漬好的肉盆中取出月桂葉，將肉倒入烤盆中，用剩餘幾片豬板油片漂亮覆蓋在肉的上層，再擺上僅剩的幾株百里香與 2 片月桂葉，試著讓內容物的高度略高於烤盆的高度，如此一來，烘烤過後比較容易壓實。蓋上烤盆蓋或用鋁箔紙覆蓋，放入烤箱烘烤 3 小時。

若要確認烘烤程度，可小心翼翼用刀子或竹籤插入肉凍中央，此時流出的湯汁需是透明的，若流出湯汁仍略帶血色，則需稍微延長烘烤時間。

❸ 當肉凍已烤熟，靜置冷卻 2 小時，然後在瓦烤盆上放一塊砧板，在砧板上疊壓數個罐頭，為時 1 小時。

放入冰箱冷藏一段時間，甚至 4～5 天。品嚐前 1 小時千萬要先從冰箱中取出：先置於室溫下，你的肉凍將會更具風味。

搭配 1 杯美酒與 1 塊烤麵包一起享用吧。

不容錯過的小祕訣
＊肉凍的製作需要使用大量的鹽與胡椒粉。
＊請以室溫溫度享用，千萬別冰涼上桌喔。
＊使用長方形烤盆烘烤，肉凍的受熱程度要比使用橢圓形烤盆更為均勻。

白痴的做法
＊以 100℃ 以上溫度隔水加熱。

通常有些食譜宣稱要加入 1 或 2 顆蛋的蛋汁與些許麵包粉，以避免肉凍變乾，且讓肉凍更加緊實。但，在本食譜中，上述做法並非必要，因為烘烤溫度已經非常低了。再者，我發覺蛋與麵包粉會壓抑住肉醬的味道。

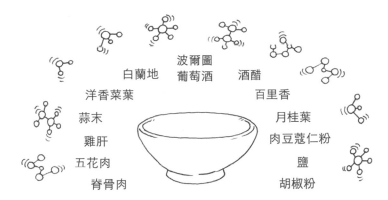

白蘭地　波爾圖 葡萄酒　酒醋

洋香菜葉　百里香

蒜末　月桂葉

雞肝　肉豆蔻仁粉

五花肉　鹽

脊骨肉　胡椒粉

1 浸漬當晚的運作可精彩的呢！白蘭地、波爾圖葡萄酒與酒醋的水分將會讓主要香草植物的味道溶解出來，其溶液將直接被肉醬所吸收。而那些不溶於水的味道，將被肉醬油脂所吸收。至於偏酸性的酒醋，則會讓所有的食材變得軟嫩。

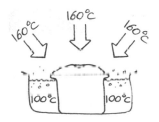

2 傳統以隔水加熱，放入 160℃溫度的烤箱烘烤的方式根本完全沒用。水的溫度最高也就是100℃，瓦烤盆置於水中的那一部分，受熱溫度將不會超過 100℃，而非置於水中的那一部分的受熱溫度則鐵定以高溫烘烤。

這個流傳了數個世紀的傳統烘烤方式事實上有個非常自白的解釋：因為當時的烤箱乃是以柴火加熱，人們無法非常確切地設定烤箱溫度，為了避免肉凍在過於高溫的環境下烘烤，因此以隔水加熱的方式處理，因為人們知道水的溫度不會超過100℃，這招很賊，不是嗎？

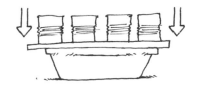

3 在瓦烤盆上略微加壓，有助於之後的切片作業。

油封鴨肉醬

綿密與酥脆並存……

通常，肉醬都會顯得有點油膩，因為人們總會搭配肥油製作，好讓肉醬易於保存。但在這道食譜中，我們刪除了肥油，讓整道料理變得清爽。在上桌前，我會先油煎一下，讓你滿嘴的軟嫩小酥塊，就像吃糖果一樣……就連我那位擁有肉醬碩士頭銜的好友貝納都超愛這道肉醬的……提前 2 ～ 3 天準備，讓味道有足夠的時間釋放出來。這真的是一道容易料理的菜色！

---

6 人份，備料時間：10 分鐘，烹煮時間：2 小時 10 分鐘

食材：罐頭裝的**優質油封鴨腿 2 支**，剝除外皮且切成細末狀的**紅蔥頭 1 小粒**，縱向剖切的**月桂葉 1 片**，切成薄片狀的**法國長棍麵包 1 條**，**四香粉 1 小撮**（黑胡椒粉、肉豆蔻仁粉、丁香粒與肉桂粉），**新鮮百里香 2 小株**、**海鹽**、**現磨胡椒粉**

做法：

❶ 取一只鑄鐵鍋，放入 2 支油封鴨腿，帶皮面朝上。再放入紅蔥頭末、百里香、對半剖開的月桂葉。

❷ 將四香粉、油封鴨肉罐頭裡的油、200cc 的水與上述食材拌勻，蓋上鍋蓋，放至火上，以極微火燉煮 2 小時。

熬煮 2 小時後，把鴨腿取出，去皮去骨，再用叉子將腿肉剝成絲狀。以每公斤 10 公克鹽的量（每公斤 2 茶匙滿匙的量）調味，充分攪拌 2 ～ 3 分鐘，才能讓鹹味均勻分布。

把肉醬倒入瓦烤盆中，淋上些許已用細目網篩濾過的熬煮油脂（增添香氣用），把油脂與肉醬拌勻。

放置冷卻後，放至冰箱中冷藏至少 2 ～ 5 天，再食用。

好，現在，關鍵的差異點來囉！訪客到前 1 小時，需將肉醬烤盆從冰箱中取出，當肉醬溫度達室溫，將肉醬塊放至平底鍋中，以極微火加熱，當油脂融出，將肉醬塊放至濾盆中，滴除多餘油脂。

❸ 賓客到齊後，先乾煎法國麵包，煎烤單面即可。把平底鍋放至大火上，當鍋已熱，把肉醬塊放入，稍微壓平，當一面已煎得金黃油亮，翻面再煎。撒點兒鹽與胡椒粉，趁熱一小塊一小塊疊放在烤麵包片上食用。

現在，你大可跟朋友們炫耀說：「這可是我做的喲！」

贊同的做法
＊用叉子壓實肉醬塊。
＊不管是製造肉凍或是肉醬，均需靜置數日，讓味道釋放出來。
＊煎烤過的法國麵包所釋出的榛果味和香煎肉醬是完美絕配呢。

完全無法苟同的做法
＊麵包未加烘烤。
＊香煎肉醬塊的時間過久。

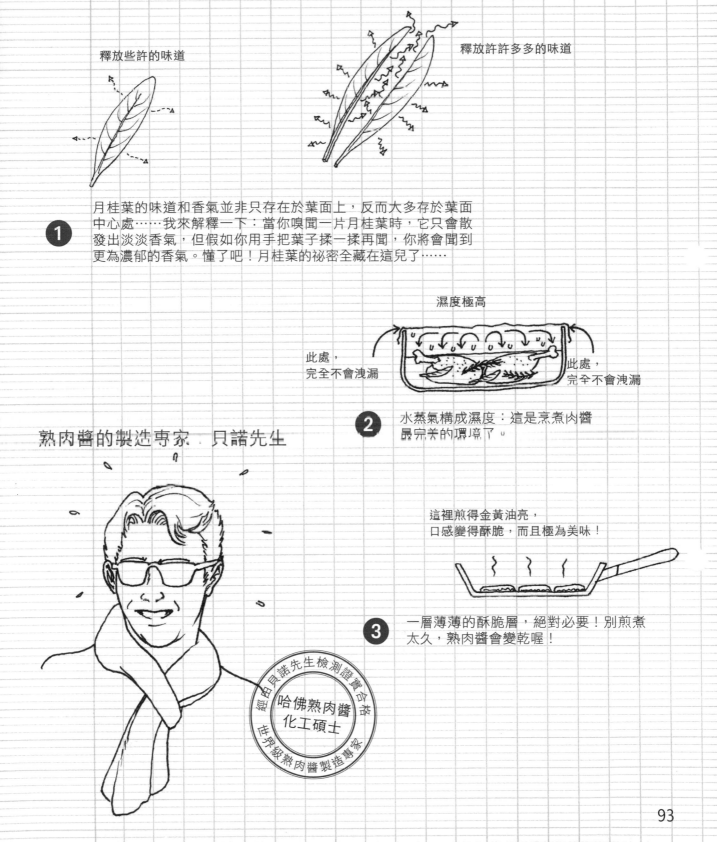

釋放些許的味道

釋放許許多多的味道

1 月桂葉的味道和香氣並非只存在於葉面上，反而大多存於葉面中心處……我來解釋一下：當你嗅聞一片月桂葉時，它只會散發出淡淡香氣，但假如你用手把葉子揉一揉再聞，你將會聞到更為濃郁的香氣。懂了吧！月桂葉的祕密全藏在這兒了……

濕度極高

此處，
完全不會洩漏

此處，
完全不會洩漏

2 水蒸氣構成濕度：這是烹煮肉醬最完美的環境了。

熟肉醬的製造專家　貝諾先生

這裡煎得金黃油亮，
口感變得酥脆，而且極為美味！

3 一層薄薄的酥脆層，絕對必要！別煎煮太久，熟肉醬會變乾喔！

經由貝諾先生檢測證實合格
哈佛熟肉醬
化工碩士
世界級熟肉醬製造專家

蘋果酒香珠雞
附帶油亮醬汁喔

這道食譜讓我最愛不釋手的地方，在於能夠將所有的風味鎖在烹煮珠雞的鑄鐵鍋裡：小臘肉丁、蘋果酒、馬鈴薯與鮮奶油的味道很搭，且具有層次感，這道食譜的做法留住了珠雞的滑嫩肉質。偷偷給你一個私人建議：別做這道菜招待姻親家人，因為這道菜的醬汁極為美味，每個人都會忍不住用麵包沾取醬汁品嘗⋯⋯何苦讓親友做出這有失形象的舉動呢！

---

6 人份，備料時間：10 分鐘，烹煮時間：50 分鐘

食材： 農場養殖珠雞 1 隻（請肉販剁成 8 大塊，並留下脖子和內臟），去皮、洗淨且對半切開的夏洛特品種馬鈴薯 12 顆，煙燻小臘肉丁 125 公克，不甜蘋果酒半瓶，優質鮮奶油 250cc，葡萄籽油（或花生油）1 湯匙，海鹽、現磨胡椒粉

做法：

烹煮前 1 小時，將珠雞從冰箱中取出。

在鑄鐵鍋中加入 1 湯匙油，以中火熱鍋，把小臘肉丁放入鍋內油煎 5 分鐘。當小臘肉丁變得金黃油亮，就可離鍋。再把珠雞肉塊放入鍋內，帶皮面朝下放，油煎 3 分鐘後，翻面再煎 2 分鐘，把雞肉取出，放至盤上備用。

把蘋果酒倒入鍋中，充分刮取鍋底沾黏的肉汁，熬煮濃縮至半量。

當蘋果酒已收汁成半量，再把小臘肉丁與珠雞肉塊（雞胸肉的部位除外）倒回鍋中燴煮，然後再加入馬鈴薯塊。

蓋上鍋蓋，以文火燴煮 10 分鐘。

把雞胸肉塊放入，續煮 20 分鐘。

然後倒入鮮奶油，小心攪拌。以微滾火候掀蓋續煮 10 分鐘。

將所有的好料擺至漂亮的餐盤上，撒點兒鹽與胡椒粉，上菜囉！

> **滿分的做法**
> ＊蓋上鍋蓋燜煮，以保留食材所釋放出的水氣

> **零分的做法**
> ＊雞胸肉煮得過老或烹煮時間過久：肉質會變得乾柴。
> ＊加鹽烹煮：因為小臘肉丁已經帶有鹹味了。
> ＊烹煮過程初期，鍋蓋半掩。

唉喲……你這道食譜有什麼用啊？假如你把所有的東西全拌在一起煮，不是也沒差嘛！

道理很簡單，也符合邏輯：
- 小臘肉丁會在鑄鐵鍋裡留下肉汁。
- 油煎珠雞時，珠雞會吸取某部分肉汁，但也會釋出珠雞的肉汁。
- 蘋果酒可讓這些黏鍋肉汁脫離鍋底，熬煮過程中，蘋果酒的水分蒸發，更增添了蘋果的香氣。
- 鮮奶油凝聚所有的食材，馬鈴薯則吸收所有的香氣。

假如我把所有的東西全放在一起煮會怎樣呢？小臘肉丁未經煎烤，肉質就會變得軟軟的，沒有味道，而珠雞皮的滋味也會淡淡的。蘋果酒會讓所有的食材變得濕軟，彷彿倒了一瓶水，而不是酒。你希望醬汁是用水調出來的嗎？

喔……原來如此，我現在懂了！

烤雞

連雞胸肉都軟嫩多汁呢

這道超簡單的料理總能討好大人小孩。到肉商處選購農場養殖雞或有機農場養殖雞，並請老闆幫你把雞內臟留下。挑選真正在戶外滿地跑且以好飼料餵養的雞，不要選用每天以人工照明照射 18 小時工業化飼養的雞！烹飪的訣竅在於將雞胸肉與雞腿的皮肉稍微分離，在皮下塞點兒奶油、芹菜葉與龍蒿葉。千萬別忘了最後要將雞胸肉面朝下烘烤，這樣肉質才會軟嫩多汁。

---

6 人份，備料時間：15 分鐘，烹煮時間：2 小時

食材：農場養殖或有機農場養殖、連同內臟與脖子重達 1.8 公斤的**雞 1 隻**，已剝皮且切成薄片狀的**洋蔥 1 顆**，已削皮且切成厚圓片狀的**紅蘿蔔 1 根**，未剝皮**蒜瓣 12 瓣**，**新鮮香芹葉細末 1 湯匙**，**龍蒿葉細末 1 湯匙**，**軟奶油 4 大匙滿匙**，**橄欖油、海鹽、現磨胡椒粉**

做法：

烹煮前 1 小時，把雞肉與奶油從冰箱中取出。

以 140℃ 預熱烤箱，不要高於這個溫度。烤箱溫度愈高，雞肉所含水分就愈容易蒸發，肉質就會變乾柴。最好以較低溫、較長的時間烘烤。

解開綁住雞腿的棉線，稍微將雞腿拉離雞身，好讓雞腿可以均勻受熱。

❶ 將半量的奶油、半量的龍蒿葉末與半量的芹菜葉末拌勻。輕輕地分離雞胸肉與雞腿上的皮肉，讓手指緩緩穿入皮下，把上述香草奶油醬抹至皮下，再把剩餘未用的香草料、3～4 瓣的蒜瓣、剩餘未用的奶油塞入雞腹中。雙手沾油，在全雞表面抹上油，雞腿與雞翅下方都要抹到喔。

❷ 撒點兒鹽。

❸ 取一塊與雞肉一樣大的烤盤，放入內臟、洋蔥與紅蘿蔔片。

❹ 將雞肉放入，以單支雞腿朝下側放。

❺ 將烤盤放入烤箱中下層，烘烤 15 分鐘，再將雞翻面，枕住另一支雞腿，小心不要撕裂雞皮喔（用兩支湯匙翻面，可避免刺破雞皮，以免湯汁流出），繼續烘烤 15 分鐘，再將雞肉翻面，此次將雞胸肉朝下擺放，把剩餘未用的蒜瓣放入烤盤中，續烤 1 小時 30 分。

若要確定雞肉是否已烤熟，可刺一下雞腿：此時應有肉汁流出，若肉汁略帶血色，則需續烤 5 分鐘。

當雞肉已烤熟，讓腹中肉汁連同蒜瓣滴落在烤盤裡，把雞肉放至砧板上，將半杯水倒入烤盤中，充分刮取盤底肉汁，你將可調出超美味的醬汁。

將雞肉切塊。把醬汁倒入細目網篩或是細目濾盆中過篩，在洋蔥塊與紅蘿蔔塊上加壓，以汲取所有的醬汁。別忘了珍珠肉，這兩塊藏在雞背上的小肉球，是最美味也是行家首選的部位呢。

撒點兒鹽與胡椒粉，可以上菜囉……

做得非常棒

* 烹煮前先在雞肉上撒上鹽。
* 先將單支雞腿朝下擺放的方式烘烤，再翻面烤另一面，最後將雞胸肉朝下擺放烘烤。

這些招式該忘了吧

* 烹煮前先撒上胡椒粉。
* 將雞胸肉朝上擺放烘烤。
* 烘烤過程中，將水或高湯倒入烤盤中。

橄欖油

美味！！
好吃！！

1 橄欖油強化了梅納反應，讓雞肉更具風味。

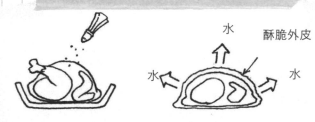

水

酥脆外皮

水

水

2 鹽將吸取雞皮上一部分的水分，如此一來，雞皮將會變乾，變得酥脆。

這樣不會烤焦

這樣會烤焦

3 假如烤盤大於烤雞，在烘烤過程中，肉汁流至四周，很可能會把你的烤箱弄髒。

4 雞肉的肉汁、洋蔥與紅蘿蔔將會讓醬汁美味無比。

肉汁　肉汁

肉汁

肉汁

＝　完美

5 雞胸肉往往吃起來乾柴，那是因為雞胸肉的烹煮時間需比烹煮雞腿與雞翅的時間短。把雞胸肉朝下擺放，讓肉汁滴淋在雞胸肉上，可保肉質軟嫩。這就是烤雞的祕訣。

檸香烤雞

散發夏日氛圍的午餐料理

我曾多次旅遊希臘，就在某次旅程中我品嘗了這道菜，真的是極品美味啊！擁有這份食譜，你將可以在短短 10 分鐘內，做出一道真正的家常料理了。所有的食材放在一塊兒烹煮，讓所有的香氣慢慢融合，檸檬的風味與香草食材的香氣將會滲入雞肉與馬鈴薯中。真是充滿著基克拉澤斯島上（Cyclades）陽光的美味一餐呢……

---

6 人份，備料時間：15 分鐘，烹煮時間：1 小時 45 分鐘

食材：農場養殖或有機農場養殖、連內臟與脖子重達 1.8 公斤的雞 1 隻，夏洛特品種馬鈴薯 800 公克，未剝皮、對半剖切的蒜瓣 3 瓣，檸檬 2 顆 + 其汁液，新鮮奧勒岡草 2 湯匙，百里香 3 小株，橄欖油、現磨胡椒粉、海鹽

做法：
烹煮前 1 小時，將雞肉從冰箱中取出。

以 160℃ 預熱烤箱

❶ 將馬鈴薯縱向剖切成兩半，洗淨後拭乾。

將拍扁的蒜瓣、些許奧勒岡草與榨取汁液後的 1 顆檸檬塞入雞腹中。

用雙手將橄欖油抹上整隻雞，讓雞肉表面裹上一層薄油膜。

❷ 取一個大烤盤，將切好的馬鈴薯放入，再倒入 200cc 的水，將雞胸肉面朝下擺入，倒入榨取 2 顆檸檬所得的汁液與 1 湯匙的橄欖油，放入剩餘未用的香草食材。

❸ 放入烤箱烘烤 1 小時 30 分後，將烤雞翻面，讓雞胸肉面朝上，稍微攪拌一下馬鈴薯塊。假如烤盤上已經沒有水分了，可再倒入 100cc 熱水。

再繼續烘烤 15 分鐘，這樣就行了！

撒點兒鹽與胡椒粉。端菜上桌時，口中喊著：Kale orexe！（希臘語，意指：用餐愉快）

超棒的做法
＊將雞胸肉朝下擺放烘烤。

超白痴的做法
＊烹煮前先撒上鹽或胡椒粉。

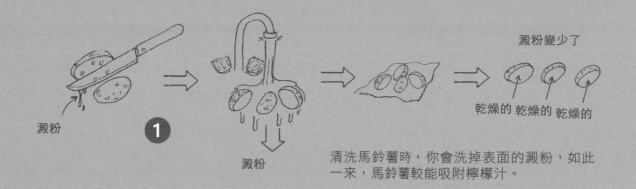

澱粉變少了

澱粉

乾燥的 乾燥的 乾燥的

1

澱粉

清洗馬鈴薯時，你會洗掉表面的澱粉，如此
一來，馬鈴薯較能吸附檸檬汁。

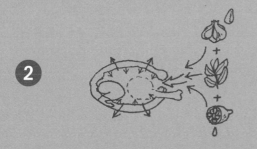

2

香草食材無法增添雞肉太多的香氣，但能與
雞肉內部流出的肉汁熬合成美味的醬汁。

馬鈴薯
＋
檸檬汁
＋
橄欖油
＋
奧勒岡草
＋
百里香
＋
一點兒水

3

這一次，我們終於可以加點水了，因為
我們無須將雞皮烤得酥脆，反而要讓雞
皮充滿檸檬與其他香草的香氣。

這些技巧，
鐵定超吸睛！！！

港式炸雞
原汁原味的港式風味

道地的香港料理啊：美味的小雞塊，酥脆與軟嫩合為一體，是真正的美食呢。建議你使用去骨雞腿肉來料理（將骨頭去骨很容易的啊），要比會變得乾柴的雞胸肉好多了。

---

6 人份，備料時間：15 分鐘，醃漬時間：2 小時，烹煮時間：10 分鐘

食材： 去骨雞腿肉 1 公斤，葡萄籽油（或花生油）2 公升，麵粉 2 湯匙，切成蔥花狀的青蔥半把

醃漬用食材： 去皮磨成薑末用薑塊 3 公分長，醬油 2 湯匙，梅林辣醬油 1 湯匙，番茄醬 1 湯匙

醬汁食材： 去皮且磨成蒜泥用的蒜仁 1 瓣，葡萄籽油（或花生油）1 湯匙，檸檬汁 1 湯匙，番茄醬 2 湯匙，梅林辣醬油 2 湯匙，蜂蜜 2 湯匙，雞高湯 100cc，海鹽、現磨胡椒粉

做法：
除去雞皮，用刀子沿著骨頭仔細刮切去骨。把雞肉切成一小口量的小塊狀。

把醃漬醬汁的所有食材拌勻，把雞肉塊放入醬汁中，以室溫醃漬 2 小時。

隨即將油加熱至極高溫，假如你使用的是油炸鍋，那就將溫度定於 160℃。

當油溫已到適當溫度，把麵粉分次少量拌入雞塊中，充分拌勻。

❶ 把小雞塊放入熱油中，分別放至油鍋各處，小心別讓雞塊黏在一塊兒了。當雞塊略微變得金黃（約油炸 2 分鐘後），把它從炸鍋中取出，放至吸油紙巾上。

❷ 將油炸鍋的溫度調至 200℃，稍待 5～6 分鐘油開始略微冒煙。

❸ 利用熱油空檔，調製醬汁：取一只足以放入所有炸雞塊的大湯鍋熱油，當油已熱，放入蒜泥，10 秒鐘後（不能更久喔，否則蒜泥會炒焦了），倒入檸檬汁、番茄醬、梅林辣醬油、蜂蜜，最後倒入雞高湯，熬煮 5 分鐘。保持醬汁熱度。

❹ 將小雞塊放入高溫油鍋中回鍋油炸 1 分鐘，炸得表面金黃酥脆，再將小雞塊放至吸油紙巾上吸除多餘油脂，再放入醬汁湯鍋中，充分攪拌，讓每塊雞塊都沾滿了美味醬汁。

把小雞塊放至餐盤上，撒上蔥花，增添香氣：蔥花的嗆味與甜甜的醬汁，可算是絕配啊。上桌前，再撒點兒鹽與胡椒粉。

上桌囉！讓孩子們用手拿著吃，他們可開心了……

該做的事
＊使用葡萄籽油或花生油。

千萬不該做的事
＊使用雞胸肉取代雞腿肉。

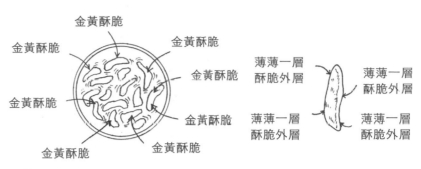

金黃酥脆　金黃酥脆　金黃酥脆　金黃酥脆　金黃酥脆　金黃酥脆　金黃酥脆　金黃酥脆

薄薄一層酥脆外層　薄薄一層酥脆外層　薄薄一層酥脆外層　薄薄一層酥脆外層

1 如此一來，雞塊各面都能炸得完美酥脆。

2 炸雞塊的概念和炸薯條是一樣的。分成兩次炸，第一次是為
了將食材炸熟，而第二次則是為了將表皮炸得酥脆。

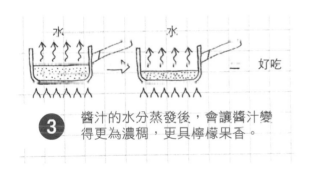

3 醬汁的水分蒸發後，會讓醬汁變
得更為濃稠，更具檸檬果香。

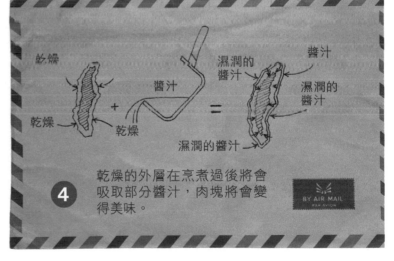

4 乾燥的外層在烹煮過後將會
吸取部分醬汁，肉塊將會變
得美味。

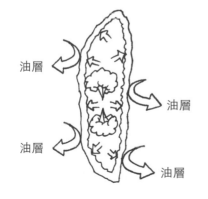

當你以適當的溫度油炸，雞塊表面將會形成一層硬殼
層，而雞肉所含的水分將會部分蒸發。此蒸氣會提升
雞肉內部壓力，避免雞肉塊吃油。

豐腹太監雞

可當作耶誕大餐的一道料理

通常年底耶誕時節才買得到閹雞，但預先向優良肉販下訂單，平日還是可以買得到的。這是家禽類的極品啊！肉質美味、入口即化……但要小心，烹煮溫度不能過高，以免把雞肉給煮柴了。邀請 8 位賓客一起來享用皇帝盛宴吧！

---

8 人份，備料時間：30 分鐘，烹煮時間：2 小時 45 分鐘

食材：重達 3.5 公斤的肥美**閹雞** 1 隻（同時向雞販訂購 30 公分長的棉線），真正的**雞高湯** 3 公升（沒有的話，頂多用冷凍高湯頂替，絕不能使用高湯塊調製），剝除外皮且切成薄片狀的**洋蔥** 2 大顆，削去外皮且切成圓片狀的**紅蘿蔔** 2 根，對半剖開的**白洋菇** 100 公克，橄欖油、海鹽、現磨胡椒粉

雞腹餡料食材：剝去外皮且切成細末狀的**紅蔥頭** 2 顆，分切 4 等分的**雞肝** 200 公克，切成小丁狀的**鵝肝** 100 公克，剝除腸衣膜且壓扁的**白臘腸餡（boudin blanc）** 300 公克，切成小丁狀且香煎成金黃色的**奶油麵包** 100 公克，削去外皮且切成小丁狀的**蘋果**半顆

做法：

烹煮前 2 小時，將閹雞從冰箱中取出，使其溫度升至室溫。

❶ 將雞高湯加熱至 60 ～ 70℃。

❷ 把閹雞放入鑄鐵鍋中，雞胸部位朝上擺放，倒入熱高湯至雞腿的高度，以極微火加熱。

10 分鐘後，取出閹雞，滴乾水分，用吸水紙巾拭乾，妥善保留高湯，以調製醬汁之用。

取一只炒鍋或大平底鍋，以中火加熱 2 湯匙橄欖油。把閹雞放入鍋中，單支雞腿朝下擺放，香煎 5 分鐘後，再翻面成另一支雞腿朝下擺放，同樣香煎 5 分鐘。把閹雞取出，放至盤上。開始調製填充餡料了。

用同一只炒鍋，微火炒香紅蔥頭末，5 分鐘後，放入切成 4 等分的雞肝、小丁狀的鵝肝，與壓扁的白臘腸餡，

充分拌炒 1 分鐘，再把所有內餡倒入 1 只大沙拉盆中，加入金黃麵包丁，與半顆量的蘋果丁，小心拌勻，放涼，再將此美味內餡料塞入雞腹中，用雞販給你的棉線將雞腹縫起，以免餡料在烹煮過程中掉出。

❸ 利用烹煮閹雞的時間空檔，熬煮高湯，濃縮至約剩 300cc 的量。

❹ 取一只恰好可以裝下此閹雞大小的烤盤，將洋蔥、紅蘿蔔與白洋菇鋪在烤盤底層，再將閹雞的雞胸部位朝下，擺放至蔬菜層上，放至未啟動的烤箱中下層。

將烤箱溫度調至 160℃，烘烤 2 小時 30 分鐘。時間到時，將閹雞翻面，讓雞胸部位朝上，再烘烤 15 分鐘。

❺ 把閹雞從烤箱中取出，以雞胸肉朝下擺放的方式放置於盤上，並讓盤子邊緣扣住雞肉，固定不動，用一張鋁箔紙加以覆蓋。

把濃縮高湯倒入烤盤中，充分刮取烤盤肉汁，再啟動烤箱加熱 5 分鐘。隨後將此油亮醬汁倒入細目網篩中過濾，並壓擠出洋蔥、紅蘿蔔與白洋菇的美味汁液，把過濾後醬汁倒入醬汁皿中。

分切閹雞，把閹雞放入熱盤中，撒點兒鹽與胡椒粉，整盤端上桌囉！

天使的做法

＊一開始烹煮時，高湯的高度未高於雞腿的高度。
＊將閹雞放入未啟動的烤箱中，可讓熱度緩緩滲入雞肉內部。

你若這樣做，可就變成惡魔囉

＊送入烤箱烘烤前，就撒上胡椒粉。
＊烘烤過程中，將雞胸肉朝上擺放。

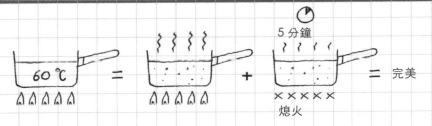

5 分鐘

60 ℃ = + = 完美

熄火

1 最簡單的方法，就是烹煮至你看到已冒出幾個水泡，即可熄火 5 分鐘，讓水溫下降。

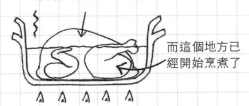

雞胸肉無法被烹煮到

而這個地方已經開始烹煮了

2 雞胸肉較為脆弱，並且需要比雞腿更短的烹煮時間。將整隻閹雞浸入水中，除了雞胸部位以外，開始烹煮雞腿部位時，雞胸肉事實上並未煮到。

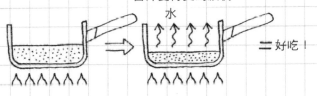

水蒸發後，
醬汁變得更為濃稠。

水

= 好吃！

雞背的油脂融化，讓雞胸肉更具風味。

3 絕大部分的水分將會蒸發，你將擁有美味的濃縮高湯。

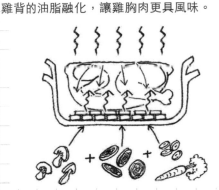

4 閹雞所融出的油脂將用來烹煮所有的蔬菜，並形成風味十足的醬汁。

5 靜置雞肉時，需將雞胸部位朝下擺放，讓雞背與雞腿所含的湯汁能夠緩緩朝雞胸部位流下，讓雞胸肉保持軟嫩多汁。

焗烤薯泥鴨肉
一道奢華的焗烤薯泥料理

這是經典焗烤薯泥料理的奢華改良版。我第一次品嘗到這道焗烤薯泥鴨肉時，覺得實在是太美味了。我常在冬季天冷時，料理這道菜，因為我們總希望能有道好料，可以暖暖身子。油封鴨腿超適合做這道料理的，因為鴨肉會在油脂中慢慢變熟，所以肉質非常軟嫩。這是一道極為容易且可迅速備妥的料理。

---

4 人份，備料時間：15 分鐘，烹煮時間：1 小時

食材：優質的罐頭裝油封鴨腿 2 支，去皮且切成小塊狀的紅蔥頭 2 小顆，依照第 162 頁調製的薯泥 600 公克，現刨帕馬森乳酪絲 1 湯匙，奶油 1 湯匙，海鹽、現磨胡椒粉

做法：

❶ 剝除鴨腿皮與多餘油脂。把鴨腿放入平底鍋中以微火回溫加熱 15 分鐘。

❷ 當鴨腿已夠熱，從鍋中取出，用吸油紙巾拭乾，稍等 5 分鐘，讓鴨腿略微降溫，再用叉子把鴨肉撕成小塊狀。

❸ 用同一只平底鍋，加入 1 茶匙油封鴨油，以微火炒香紅蔥頭末 10 分鐘，將紅蔥頭炒成透明狀，將紅蔥頭盛起，放置一旁備用。將火轉為烈焰，放入肉塊，爆香 2 ～ 3 分鐘（不要超過 3 分鐘）。

當小肉塊已變得金黃，即可熄火，放入油蔥酥，將食材留置鍋中降溫。

現在你可以開始擺盤囉。你需要一個可以放入烤箱烘烤的焗烤盤，不要太大，但高度要夠高，因為我們將鋪陳兩層的鴨肉塊與兩層的薯泥（如同千層派一樣）。將焗烤盤略微抹上油，以免食材黏住盤子。

❹ 先在盤子底層平鋪一層厚厚的鴨肉層，然後再鋪上同等厚度的薯泥層，再加入一層薄肉層，最後以一層薄薯泥封層。以鋁箔紙覆蓋，在烘烤時，肉質將保持軟嫩，其鴨肉香氣將會緩緩向上竄升至薯泥層中。

放入 120℃的烤箱中緩緩烘烤 40 分鐘。

最後，在最上層撒上些許帕馬森乳酪絲，再放至烤箱烤架下焗烤 5 分鐘。

撒點兒鹽與胡椒粉，趁熱上菜喔！

美味！

＊油封鴨腿早已浸漬在油脂中煮了 2 個小時以上，早熟透囉。
＊鴨肉的香氣將會緩緩上竄至薯泥層中。

嗯！

＊焗烤太過頭，讓小肉塊變得乾柴無比。

不是很酷喔，
這道料理⋯⋯

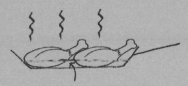

鴨腿所釋放出的油脂

1 我們無須在鍋裡放油,因為鴨腿會釋放出些許油脂。

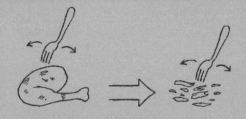

用叉子拉絲,可保留小塊狀的口感。

2 嚴禁使用機器喔!重點在於保留小肉塊的嚼勁。酥脆的口感將與薯泥的滑口產生對比。

把鴨肉香煎成金黃色,
呈現酥脆口感。

這裡還要再煎一下

這裡也是

梅納反應釋放肉的風味。

3 略微煎烤過的小肉塊將會釋放出許多風味,而你的焗烤薯泥吃起來將具有酥脆肉塊的美味口感。

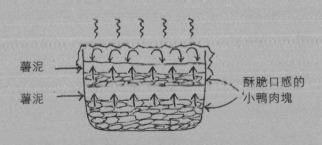

薯泥

薯泥

酥脆口感的
小鴨肉塊

4 所有的味道與香氣將會上竄至薯泥層中。

千萬不可用 120℃ 以上的溫度烹調。

當你將鍋裡的水煮滾時,水會蒸發掉。當你以過焰的火候烹煮碎肉時,肉中的水分也會蒸發,如此一來,碎肉的口感將會變得乾柴,而且糊糊的,很噁心喔,超超超噁心的!

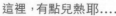
這裡，有點兒熱耶……

兔肉醬（鵝油料理）
要搭配烤吐司一起吃喔

人們總認為兔肉的肉質乾柴，那是因為不會煮！兔肉，是一種細緻、充滿風味的肉。很久很久以前，人們多以野兔肉來做熟肉醬或肉泥凍，現在反而用家兔來料理。別再使用兔脊肉（兔腰背肉）來料理了，以前的人誤認為這是最好吃的部位，其實，真正美味的，是兔腿肉，此處的肉最不乾柴，最入口即化！

---

10 人份，備料時間：10 分鐘，醃漬時間：1 晚，烹煮時間：3 小時

食材：兔腿 1 公斤，去皮且切成圓片狀的紅蘿蔔 2 根，剝除外皮且切成薄片狀的洋蔥 1 大顆，去除粗梗且將葉片切成小片狀的新鮮迷迭香 1 小株，鵝油（或鴨油）4 大滿匙，海鹽、現磨胡椒粉

醃漬用食材：剝除蒜膜且切成細末狀的蒜仁 4 瓣，縱向對半剖切的月桂葉 1 片，現磨肉豆蔻仁粉 1 小撮，不甜白酒半公升，新鮮百里香 6 小株

做法：

❶ 前一晚將兔肉與醃漬食材一起拌勻醃漬。放至冰箱冷藏 1 晚，醃漬食材的香氣將滲入肉塊中，白酒會使肉質更為軟嫩。

烹煮前 1 小時，把兔肉從冰箱中取出。

❷ 把鑄鐵鍋放至文火上，放入 1 湯匙鵝油，當油已融化，把紅蘿蔔片與洋蔥片放入，以微火炒香 5 分鐘後，再將兔肉與醃漬醬一起倒入鍋中，將火候略微調大，直到水蒸氣開始往上冒，但不至於微滾的狀態。蓋上鍋蓋，緩緩煮 3 小時。

3 小時後，將兔腿取出（香草食材留置鍋中），放涼。

❸ 當兔腿溫度已降至可直接用手拿取時，去骨，並用叉子把肉撕成絲狀。加點兒海鹽、胡椒粉與迷迭香細末。

以微火融化剩餘未用的鵝油，當鵝油融成液態狀，分次以少許的量加入肉醬中，攪拌多時。

❹ 把熟肉醬倒入漂亮的瓦烤盆中，用叉子在上頭略微壓實，讓油脂浮至上層以覆蓋肉醬，放入冰箱冷藏 3 ～ 4 天。油脂層將會提供保護，避免肉醬變質與氧化。

不可不知的小祕訣
* 鵝油將會釋出風味，並且讓熟肉醬更加耐放。
* 熟肉醬需提早幾天準備。

絕對禁用的手法
* 選用兔脊肉來料理。
* 使用乾燥迷迭香，而非新鮮迷迭香。

1

白葡萄酒　百里香　月桂葉

蒜瓣　肉豆蔻仁

白酒醃漬醬軟化肉質的功效沒有紅酒醃漬醬
顯著，但比較不會改變肉的顏色，為了避免
肉醬顏色略帶棕色，我們選用白酒來醃漬。

2

別煮滾了，否則兔肉會過快熟。
蓋上鍋蓋，讓濕氣留在鍋裡，兔
肉才不會變得乾柴。

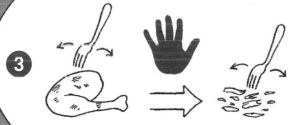

3

用叉子撕拉肉塊，拉成小塊狀。

我們想要做的是肉塊醬，而非肉泥醬。

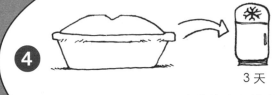

4

3 天

在這段冷藏時間裡，味道將會釋放出
來，讓你擁有美味至極的肉塊醬。

魚肉

人們總是有點兒害怕冒險烹煮魚料理，那是因為他們不知道如何在魚店挑選魚肉，亦或是他們不知道魚肉是不是已煮過熟，怕煮成了魚乾。然而，魚的料理和肉的料理一樣簡單啊！

以下是幾個簡單的重要須知：
在購買前仔細看一下魚：新鮮的魚是濕潤的，略帶一點兒黏性。有著扎實且散發光彩的魚身，紅色或是粉紅色的鰓，圓滾滾且充滿光澤的眼睛，帶有非常黝黑的瞳孔。當然，其氣味是淡淡的。千萬不要挑選看起來有點兒乾乾的、眼睛紅紅的魚，這是非常非常糟糕的象徵。不要再買烤魚了，因為通常現成烤魚塊都不是很新鮮，是不完整且無法整條盛盤的魚肉。

注意：鹽滲入魚肉的速度會遠比滲入其他肉類來得更為迅速。因此千萬千萬不要在烹煮魚菲力之前撒鹽！

魚類分為海魚與河魚。有些魚兒生活在非常深的海底，有些不是；有些魚兒身長只有幾公分，也只有幾公克重；但也有些大魚有著 4 公尺以上、900 公斤的身型。每一種魚的處理方式與烹調手法均不盡相同。

魚類跟蔬菜一樣：是有季節性的。龍蝦的最佳產季在 6 月～ 12 月之間，江鱈整年都有，而比目魚則在 6 月；聖賈克扇貝和其他品種扇貝的盛產期在冬天。事先查清楚捕捉期，就可以在最佳的時刻選擇你的魚類食材。

在某些海域捕捉到的比目魚很美味，但在同一個定點抓到的鱸魚可能就不好吃了；某些產地的聖賈克扇貝美妙絕倫，但可能在此地捕捉到的沙丁魚就淡然無味。事實上，每一種魚種都有偏好的捕食方式。並不是每一隻魚兒都能夠找到最佳飲食的海域覓食天堂，還必須取決於暖流或寒流、水溫、海底泥土是砂石或是礫石、海底深度等等因素而定。好的魚販會知道如何挑選魚類的來處。因此，大膽詢問魚販吧！他將會提供好建議的。

魚肉必須趁新鮮食用，大約在捕捉後的兩天內食用完畢，只有比目魚必須等個 3、4 天，否則牠會在平底鍋捲起身軀來，變得很難料理！

你知道「活締法」嗎？這是一種宰殺魚的方法，可以將魚肉放血，取得更為美味的肉質，讓生魚片變得無比美味。河豚，這種聲名遠播的日本魚，需要 3 年的學徒時間才能夠充分掌握切魚的技巧。你知道嗎？這種魚類在恐懼害怕時會釋放出毒性，假如隨便切一切，讓你吃下肚，很可能馬上會引起呼吸系統的痲痺。

星期一不要買魚：因為漁夫在週末是不工作的。所以你買到的魚最晚也是週五捕捉的（正因如此，優質魚餐廳在週日跟週一總是關門不營業）。

要確認魚是否煮熟了，有一種簡單的方式：就是緩緩將一枝竹籤插入魚肉中心位置，停留 30 秒之後，再把它拿出來，放在唇邊。假如竹籤是冷的，那麼魚肉尚未煮熟；假如是溫熱的，那就行了！要好好確認烹煮的程度，寧可再追加 5 分鐘的烹煮時間，也不要把魚肉煮過老了。

通常我喜歡帶皮的菲力肉與魚身完整的整條魚。因為魚皮可以保護魚肉，而且在烹煮之後會變得酥脆。我喜歡魚皮的酥脆與魚肉的柔軟兩種不同口感所造成的差異衝突感。假如魚皮並不好吃，例如：江鱈，那麼，我會建議你用非常溫和的烹煮方式，稍微將魚皮煎得金黃上色，去創造出那無可比擬的梅納反應。

不要費盡心思去調製複雜的醬汁或是精心調配的奶油醬。試著單純一點，魚肉應該搭配醬汁沾著吃，而不應該被泡在醬汁中淹死，那可與牠的身分不符合啊！

魚身上水含量
占 70 ～ 80%

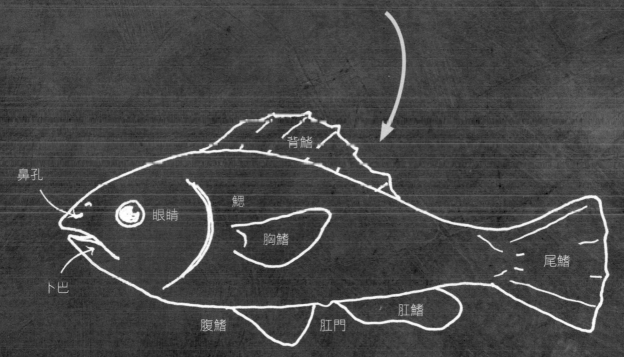

背鰭

鼻孔

鰓

眼睛

胸鰭

尾鰭

卜巴

腹鰭　　肛門　　肛鰭

檸香鱸魚菲力
色彩繽紛、風味多樣的夏季料理

這道可輕鬆完成的標準夏季前菜，迸發著諸多風味與繽紛色彩……別太早準備，因為檸檬會讓生魚片變乾。放心大膽地將鱸魚菲力放入冷凍庫冷凍 1 小時，這樣會比較好切。好好享受這道美食吧……

---

4 人份，備料時間：10 分鐘，醃漬時間：3 小時

食材： 去皮**鱸魚菲力** 300 公克，洗淨、切取果皮用的**青檸檬** 1 顆，去皮且用以刨成薑絲的**薑塊** 4 公分長，辣度不高且切成小圓薄片的**紅辣椒** 1 小根，切成蔥花的**青蔥半把**，摘取葉片用的**芫荽** 5 小株，**橄欖油** 3 湯匙，海**鹽**、**現磨胡椒粉**

做法：

❶ 至少提早 2 小時準備醃漬食材，好讓食材味道有充分的時間釋放出來，但也別提前 4 小時以上。

取一個碗，放入檸檬皮、薑絲、辣椒圓片與橄欖油，靜置備用。

❷2 小時後，將鱸魚菲力片成極薄薄片，漂亮地擺在餐盤上，再把醃漬醬淋在魚片上。覆蓋上保鮮膜，放入冰箱冷藏 1 小時。

1 小時後，取下保鮮膜，略微撒上鹽與胡椒粉，把青蔥切成細蔥花狀，切除芫荽梗，將葉片切成細末狀，把蔥花與芫荽細末撒在魚片上。

❸ 趁芫荽仍有爽脆口感，尚未乾枯脫水，趕緊上菜囉！

完美的做法
＊檸檬汁並非用來烹煮魚肉的。
＊檸檬汁讓魚肉所含的水分釋放出來。

白痴的做法
＊醃漬魚肉的時間超過 1 小時。
＊在上桌前撒上鹽與胡椒粉。
＊使用黑胡椒粉。

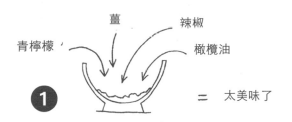

青檸檬 薑 辣椒 橄欖油

1 = 太美味了

所有的味道將會緩緩混合在一起,變成一種細緻、清爽、香氣十足的醬汁。

水 水 水 = 水 水 水 = 水 水 水

2 浸漬時間不要超過 1 小時,因為檸檬汁會吸取魚肉所含的一部分水分,讓魚肉變乾,有點兒像鹽的作用一樣。

細洋香蔥　　　青蔥

3 青蔥要比細洋香蔥粗,帶點兒珠蔥的味道。

魚釣鱸魚的肉質較為細緻,因為此種魚類乃以釣捕方式取得,而非以網撈方式捕捉,魚兒在釣抓過程中承受較少的壓力。

1 漁夫將章魚往石頭上丟，
是為了摔斷章魚肉中的所有纖維。

啪啦！

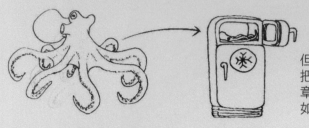

但其實有更簡單的方法可用……
把章魚放入冷凍庫冰就可以啦！
章魚肉中所含水分的體積會變大，會斷開肉的纖維。
如此一來，章魚肉就會變得軟嫩無比囉。

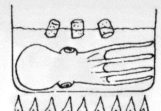

2 把軟木塞放入水中一起烹煮，這種做法沒
有一丁點兒化學理論根據。軟木塞對
章魚的味道完全沒有任何影響！

好吃
好吃
好吃

3 煮章魚水的風味十足，可別倒掉喔。

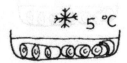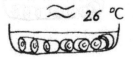

4 味道與香氣於低溫時會較不濃郁。因此，假如沙拉的溫
度過低，那麼，賓客就較難聞到章魚的香氣，這樣豈不
可惜了這道菜，不是嗎？

章魚沙拉

可不是大海 60000 公尺底下的那種怪物章魚喔 !!!

當我想要吃章魚沙拉時，我可是會跑遍整個大巴黎去找章魚肉的。有時會一起床就想吃這道料理，可憐的我還得耐心地等到隔天才能品嘗得到。章魚肉硬實，所以我們常見漁夫們把章魚砸到石頭上，只為了讓肉質變軟。其實是有更好用的技巧喔。説真的，這道菜絕對值得小小的等待。

---

4 人份，備料時間：10 分鐘（前 1 晚），醃漬時間：24 小時，烹煮時間：25 分鐘

食材：經魚販處理好（去除章魚嘴、腸與眼睛）且重約 1.5 公斤的新鮮章魚 1 隻，切成細末狀的西洋芹 1 小株，去粗梗且切成大片狀的香芹 3 株，檸檬汁 1 顆量，橄欖油 6 大匙，粗海鹽、現磨胡椒粉

做法：

把章魚放入冷凍袋中，放入冷凍庫中冷凍 1 晚。

❶ 隔天，將章魚放入冷藏室中退冰，始終放在密封的冷凍袋中勿取出。

❷ 當章魚已解凍完成，把章魚放入大湯鍋中，以水淹沒。

❸ 它在退冰過程中，釋出更多的水分。

加入些許的粗鹽，開火煮至微滾，以此火候烹煮 25 分鐘後熄火，讓章魚浸漬其中降溫。

❹ 當水溫已降，把章魚取出，剝除紫皮膜，把章魚肉切成小口量的段狀，放入沙拉盆中，放入檸檬汁、西洋芹、芹葉與橄欖油。放入冰箱冷藏 24 小時，以室溫溫度上菜。

上菜前撒點兒鹽與胡椒粉。

須知事項

＊在冰凍過程中，章魚所含的水分體積將會變大，因而撐斷肉的纖維。

該遺忘的事項

＊在煮章魚水中放一顆軟木塞（這麼做根本沒啥用）。

蒜香扇貝
會在烤箱裡噼啪作響的呦！

這是我最愛的前菜之一……當然你也可以拿這道扇貝料理來當餐前酒的下酒菜，甚至當主菜都行。將奶油、蒜仁、芹菜與紅蔥頭做成泥醬，精緻地覆蓋在這些干貝上。請魚販幫你預留一些帶殼扇貝吧，帶殼扇貝可不是常年都有的。若是當作餐前酒料理，那麼每人準備 3 顆；若是當作前菜，那就每人 6 顆；若是當作主菜，當然是每人來個一打，好好享受一番囉！

---

4 人份，備料時間：10 分鐘，烹煮時間：10 分鐘

食材： 帶殼扇貝 24 顆，去皮且切成細末狀的紅蔥頭 1 小顆，去粗梗且切成細末狀的香芹 2 小株，去皮且磨成泥狀的蒜仁 1 瓣，麵包粉 2 大匙，奶油 1 湯匙，海鹽、現磨胡椒粉

做法：
以最高溫度預熱烤箱的上烤架模式。

❶ 利用預熱烤箱的時間，將帶殼扇貝放至流水下沖洗，刮除黏附在扇貝殼上的小貝殼。

❷ 拭乾扇貝殼，把扇貝並排放入滴油盤中，放入烤箱中層位置，讓扇貝開口即可，之後再烹煮。此開口步驟最多耗時 4～6 分鐘。

❸ 利用此空檔，以文火融化奶油，放入紅蔥頭末，以極微火煎煮 5 分鐘。

當紅蔥頭末已變透明，放入蒜泥、香芹細末，續煮 1 分鐘。

❹ 當扇貝微開，把扇貝從烤箱中取出，將扇貝釋出的湯汁倒入香煎紅蔥頭、芹蒜末的湯鍋中，以極微火續煮 2 分鐘。

把扇貝貝殼拆開，丟棄上蓋，回頭料理醬汁：把麵包粉放入湯鍋中，充分拌勻，慢慢少量將泥醬倒至扇貝上，直到泥醬用盡。吸收鍋中部分香氣的麵包粉，可讓醬汁變得濃稠，並具有黏性，能與扇貝充分黏合。好吃喔！

❺ 把扇貝放至炙熱烤架下方、烤箱中上層位置。

只需讓奶油熱到啪啦作響即可，2～3 分鐘就夠了。從烤箱中取出扇貝，放至漂亮餐盤上，撒點兒海鹽與胡椒粉。

趁熱享用喔！

很棒的做法
＊扇貝非常脆弱，略煮即可。
＊購買帶殼扇貝。

該說再見的做法
＊清洗扇貝時，將扇貝泡在水裡。
＊扇貝烹煮時間過長。

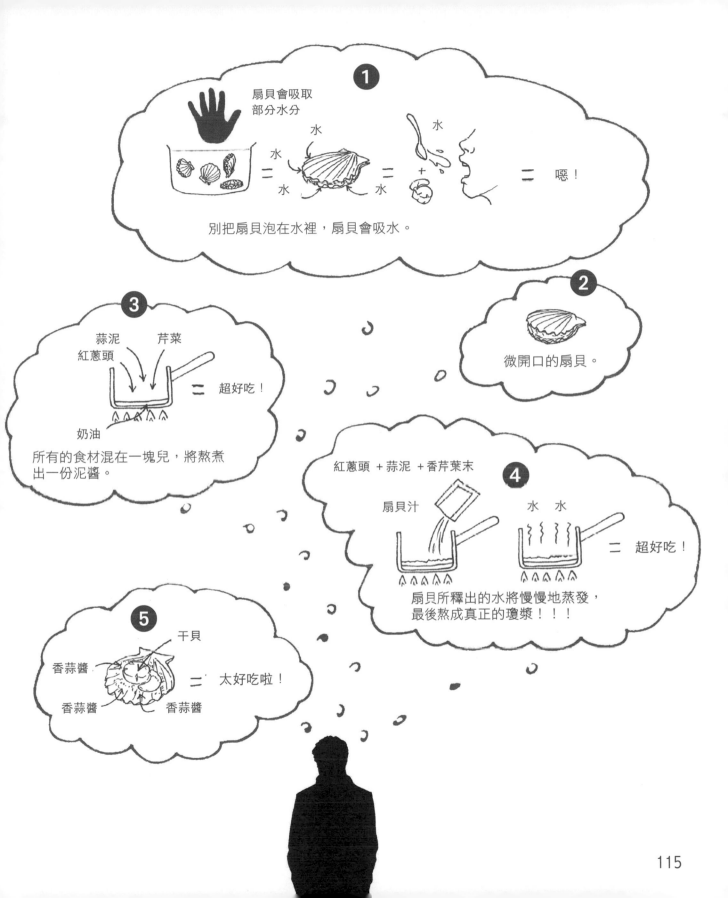

你是做完了沒啦？？？

別一直賣弄你的技巧啦……

我們到底何時可吃到蝦子……

他一直在翻炒啦！
你乾脆直接把蝦子
給我們吃不是更
好……

對我們來說，重點可不
是烈焰，真是謝了……

烈焰褐蝦
一定要準備洗手水！

這道菜是最佳餐前酒菜色之一喔！再說了，只需 5 分鐘就能做好，非常方便，不是嗎？建議你，要為這道會讓人佩服得五體投地的餐點準備洗手水喔，一上菜，大家可都會爭著上前搶著拿呢！散發榛果香的精煉奶油將賦予這道菜色一股淡淡的燒烤味，並在口中留下一縷圓潤的白蘭地酒香，彷彿喝到一口醇酒。現在我們幾乎找不到生蝦了，所以用（已煮熟的）熟褐蝦來完成這道料理也是很棒的。

---

4 人份，備料時間：5 分鐘，烹煮時間：2 分鐘

食材： 褐蝦 400 公克，干邑白蘭地 1 瓶蓋的量，奶油 3 湯匙，海鹽、現磨胡椒粉

做法：

❶ 把蝦子從冰箱中取出，置於室溫下半小時。

❷ 以烈火加熱一只大平底鍋，將奶油放入，加熱至奶油呈現漂亮的榛果色。

❸ 將蝦子倒入，香炒 1 分鐘，小心翻炒。倒入白蘭地拌勻，讓鍋內馬上燃起烈火。

最後一次翻炒後，撒入大量鹽與胡椒粉，把蝦子擺入一個漂亮的餐盤中，就可當作一盤餐前酒料理上桌囉。

搭配一小杯超冰涼的白酒一起享用吧！洗手水可別忘了擺上桌喔。

經典做法
＊用真正的焦香精煉奶油來烹煮。

丟臉的做法
＊蝦子未放入鍋子前，已把奶油給炒黑（炒焦）了。
＊在抽油煙機底下，以白蘭地烈焰燴煮蝦子。

116

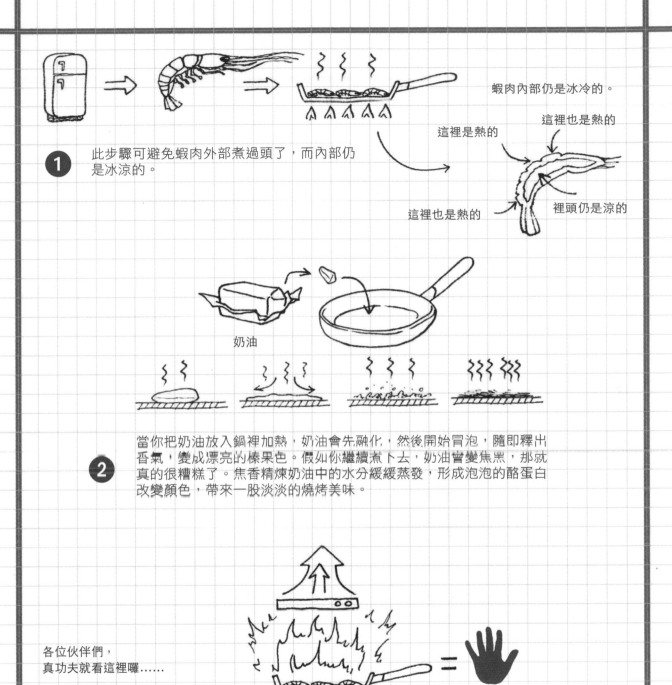

蝦肉內部仍是冰冷的。

這裡也是熱的

這裡是熱的

① 此步驟可避免蝦肉外部煮過頭了，而內部仍
是冰涼的。

這裡也是熱的

裡頭仍是涼的

奶油

② 當你把奶油放入鍋裡加熱，奶油會先融化，然後開始冒泡，隨即釋出
香氣，變成漂亮的榛果色。假如你繼續煮下去，奶油曾變焦黑，那就
真的很糟糕了。焦香精煉奶油中的水分緩緩蒸發，形成泡泡的酪蛋白
改變顏色，帶來一股淡淡的燒烤美味。

各位伙伴們，
真功夫就看這裡囉……

=

③ 真的要很小心火焰喔。可別把頭髮給燒了，也別讓
火舌舔到抽油煙機，因為若抽油煙機上頭留有些許
油脂，很可能招致大火的。

烈焰小龍蝦
讓人吮指回味喔

當漁船返航時，我喜歡上碼頭去，那兒可熱鬧了，空氣中散發著潮水的氣息……漁獲上了岸，乾淨地擺在碼頭沿岸。我一邊哈拉閒聊，一邊打量著這些鮮美的漁獲，就這樣買了夜裡剛捕捉回來、最為肥美的小龍蝦。每個人來個半打 6 隻！是多麼奢華的享受啊……

---

4 人份，備料時間：10 分鐘，烹煮時間：15 分鐘

食材：肥美小龍蝦 24 隻，去皮且拍扁的蒜仁 1 顆，香芹葉細末 2 湯匙，干邑白蘭地 3 湯匙，檸檬汁 10 幾滴，橄欖油、海鹽、現磨胡椒粉

做法：
烹煮前 1 小時，請先將小龍蝦從冰箱中取出。

❶ 迅速將小龍蝦沖水，馬上拭乾。

❷ 以大火加熱你最大的平底鍋（或鑄鐵鍋），放入 3 湯匙橄欖油，當油溫極熱，放入小龍蝦，持續翻炒 5 分鐘。

❸ 倒入白蘭地，讓火焰燴燒小龍蝦，不斷翻鍋拌炒。

❹ 當火焰全熄，倒入香芹葉細末，充分拌炒 1 分鐘。

然後放入拍扁的蒜仁，繼續翻炒 1 分鐘，加點兒鹽與胡椒粉，最後翻炒一次，其目的在於讓每隻小龍蝦都略微沾裹上所有的食材。

淋上幾滴檸檬汁，迅速裝盤上桌囉。別忘了為大家準備洗手水與大條的擦手巾喔。

可把蝦殼留下，晚上再煮個蝦醬濃湯，又是一道既美味又簡單的料理呢。

極具風格的做法！
＊使用非常大的平底鍋或是大鑄鐵燉鍋。
＊小龍蝦的蝦殼，將變成焦糖醬色。

超笨蛋的做法！
＊烹煮前或烹煮過程中添加胡椒粉。
＊在吸油煙機下方以烈焰燴燒小龍蝦。

用斜眼瞪你的小龍蝦，
看起來一點兒也不開心。

1

假如你把小龍蝦浸泡在水裡，牠將會吸飽水。

2 這樣

放在上層的小龍蝦受熱程度遠少於底層小龍蝦。

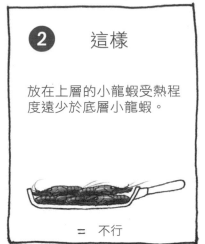

= 不行

這樣

像這樣，
就很完美啦！！！

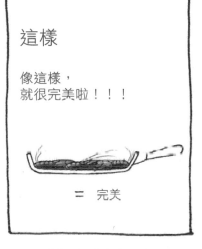

= 完美

在烹煮過程中，小龍蝦將略轉為焦糖醬色，變得十分可口。

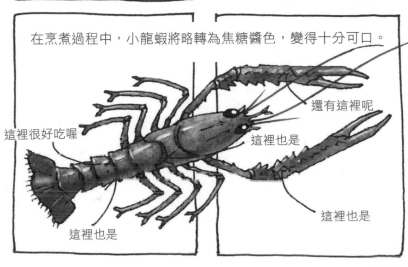

還有這裡呢

這裡很好吃喔

這裡也是

這裡也是

這裡也是

3

請注意，不要開著抽油煙機以烈焰燴燒小龍蝦，會鬧火災的。

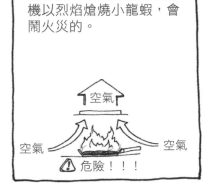

空氣

空氣　　　　　空氣

⚠ 危險！！！

4

在烹煮的過程中，芹菜葉中所含的水分將會變為蒸氣，釋放出香氣。

噼哩啪啦！

酥炸花枝

道地的義式風味，可不是厚麵皮的喔

這道不折不扣的義式夏季餐前酒料理，可讓你一小杯白酒在手，與朋友們開懷暢談拯救天下大計。不僅 10 分鐘就能搞定，還美味無比！就連我那怕吃花枝的另一半都超愛這道料理呢。所以，別猶豫了，讓這道菜響起酥脆的聲響，釋放出夏季、假期、愛情、幸福與好友們相聚的氛圍吧……

---

4 人份（餐前酒料理分量），備料時間：15 分鐘，烹煮時間：10 分鐘

食材： 新鮮花枝 400 公克，切成 4 瓣的檸檬 1 顆，葡萄籽油（或是花生油）1 公升，麵粉 4 湯匙，海鹽、現磨胡椒粉

做法：

❶ 請魚販代為處理花枝（去除墨囊、內臟與花枝嘴等）。剝除紫皮膜，切成 5 公釐厚度的圈狀，保留完整花枝觸手備用。

將花枝圈與觸手洗淨、拭乾，把觸手放置一旁備用，因為觸手在烹煮過程中較易煮熟。

將一個足以單層平放酥炸花枝的大烤盤，放入烤箱，以 160℃ 預熱烤箱。

取一只大平底鍋以大火熱油。

❷ 把麵粉倒入塑膠袋中，放入 1/3 的花枝，充分搖晃，讓花枝圈裹上一層薄麵粉層。

❸ 把花枝圈放入篩盆中，輕輕甩掉多餘的麵粉，未沾黏在花枝圈上的麵粉將全數掉落。

❹ 當油溫極高，把首批 1/3 分量的花枝圈放入鍋裡，輕輕攪拌以免花枝

圈相互黏在一起。約炸 2 分鐘，花枝圈就熟了。

把熱烤盤從烤箱中取出，鋪上一層吸油紙巾。先把酥炸花枝放至濾杓上滴油，再放至餐巾紙上吸除多餘的油，隨後，將吸油紙巾抽出，將烤盤再送入烤箱中。

利用同樣方式，處理第二批花枝圈與第三批花枝圈，最後再處理花枝觸手，請注意，花枝觸手只要酥炸 1 分鐘即可。

當所有的花枝食材均已油炸完畢，即可將酥炸花枝擺至漂亮餐盤上，撒點兒鹽與胡椒粉，在餐盤邊緣擺上檸檬瓣，好菜上場囉。你的朋友們可迫不及待呢！

超棒的做法

＊使用新鮮花枝。
＊使用可耐高熱的油。

無意義的步驟

＊待花枝降溫再上桌。

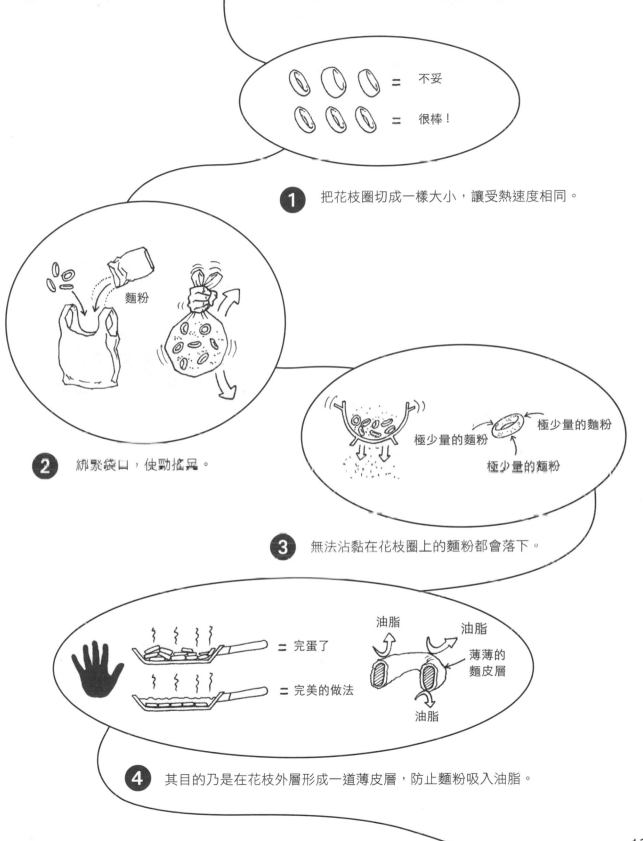

不妥

很棒！

1 把花枝圈切成一樣大小，讓受熱速度相同。

麵粉

2 綁緊袋口，使勁搖晃。

極少量的麵粉
極少量的麵粉
極少量的麵粉

3 無法沾黏在花枝圈上的麵粉都會落下。

= 完蛋了

= 完美的做法

油脂
油脂
薄薄的麵皮層
油脂

4 其目的乃是在花枝外層形成一道薄皮層，防止麵粉吸入油脂。

獨門蝦醬濃湯
用蝦頭與蝦殼熬製的喔

到底要如何利用食材下腳料來烹煮美味餐點呢？其實這和用雞架子熬煮雞高湯有異曲同工之妙，這次，我們將使用前一夜用來款待賓客的大蝦、小龍蝦或大龍蝦的外殼來調製。先費點兒功夫，把蝦頭與蝦殼剝下來，免得大夥兒都沾手，這樣也才能充分利用這些蝦殼。

---

4 人份，備料時間：15 分鐘，烹煮時間：40 分鐘

食材：草蝦、大明蝦、小龍蝦或龍蝦蝦頭與蝦殼 500 公克（或是多一點也無妨，你手邊有的通通可以），全弄成小脆塊，去籽且切成小丁狀的**番茄 2 顆**，剝除外皮且切成薄片狀的**洋蔥 1 顆**，削去外皮且切成圓薄片狀的**紅蘿蔔 2 根**，切成小塊狀的**西洋芹 1 小根**，洗淨且切成小塊狀的**韭蔥蔥綠 1 根**，削去外皮且切成 4 塊狀的**馬鈴薯 2 小顆**，不甜白葡萄酒 100cc，干邑白蘭地 100cc，香芹 4 小把，卡宴紅椒粉 1 小撮，橄欖油 6 湯匙，海鹽、現磨胡椒粉

做法：

以文火加熱一只大平底鍋，放入 2 湯匙橄欖油與番茄丁、洋蔥、紅蘿蔔片、西洋芹與青蔥，翻炒 5 分鐘後，倒入盤中備用。

❶ 用同一只平底鍋，千萬別洗鍋喔！

❷ 以大火加熱 4 湯匙橄欖油，當油已開始冒煙，放入蝦頭與蝦殼，拌炒至蝦殼金黃上色，拌炒過程需時 5 分鐘。

❸ 倒入白蘭地，迅速翻炒，讓火焰燴燒至蝦殼與蝦頭上。再次翻炒，倒入白酒，熬煮 2 分鐘，用以收汁。將火候調成文火，用研杵將所有食材壓碎，蝦頭將會流出不少汁液。放入已煮好的蔬菜、西洋芹、馬鈴薯與 1 公升冷水。

以極微火掀蓋熬煮 20 分鐘後熄火，靜置數分鐘，讓最大塊的殘渣沉至鍋底，再將馬鈴薯塊取出，馬鈴薯將用來為濃湯勾芡。

❹ 準備一個大沙拉盆，將已鋪上一條濕布的濾盆放至沙拉盆上。

用大湯杓將濃湯舀入濾盆，可避免舀到沉至鍋底的殘渣，將蝦頭與蝦殼也舀入濾盆上，用研杵擠壓，以萃取出香氣十足的湯汁。

把馬鈴薯放入壓泥機中，再把薯泥倒入澄清的蝦醬湯中。

最後只要加入紅椒粉、鹽與胡椒粉，再以微火回溫加熱就行囉。佐上幾塊略烤過的吐司片，淋上一點橄欖油就可上桌了。

端湯上桌時，你真的可以稍微擺出大廚的姿態了，名副其實的啦！

深感贊同的做法
* 在熬製蝦醬濃湯的前 1 晚，先將蝦頭與蝦殼剝好。
* 最濃郁的味道就藏在蝦頭裡。
* 蝦殼將會焦糖化，並且釋放出味道。

不同意的做法
* 以烈焰燴烤時，開抽油煙機。
* 在烹煮之前或烹煮過程中加入胡椒粉。
* 加入麵粉勾芡。

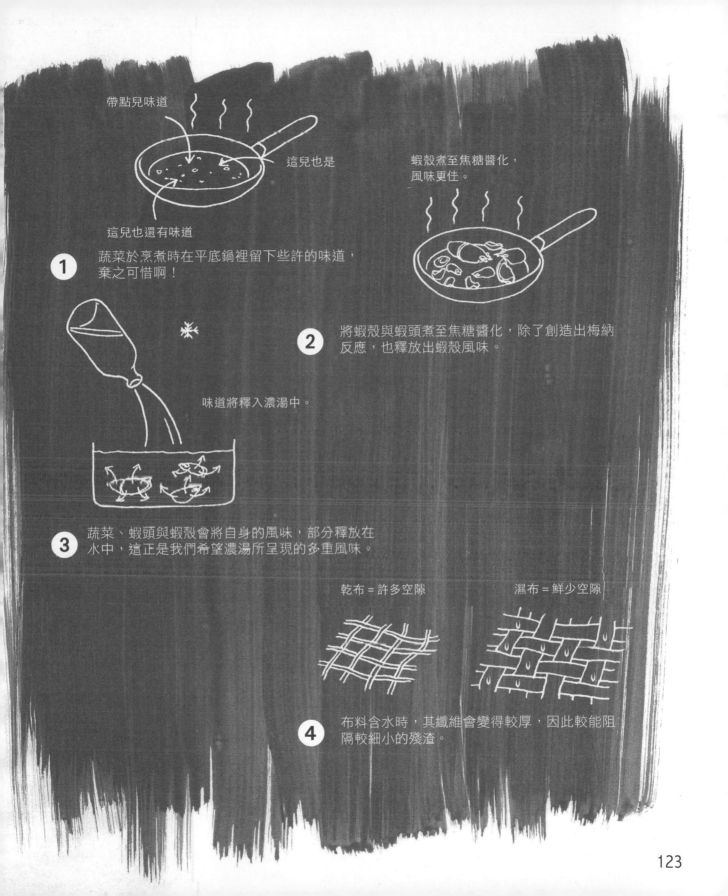

帶點兒味道

這兒也是

這兒也還有味道

蝦殼煮至焦糖醬化，
風味更佳。

1 蔬菜於烹煮時在平底鍋裡留下些許的味道，
棄之可惜啊！

2 將蝦殼與蝦頭煮至焦糖醬化，除了創造出梅納
反應，也釋放出蝦殼風味。

味道將釋入濃湯中。

3 蔬菜、蝦頭與蝦殼會將自身的風味，部分釋放在
水中，這正是我們希望濃湯所呈現的多重風味。

乾布＝許多空隙

濕布＝鮮少空隙

4 布料含水時，其纖維會變得較厚，因此較能阻
隔較細小的殘渣。

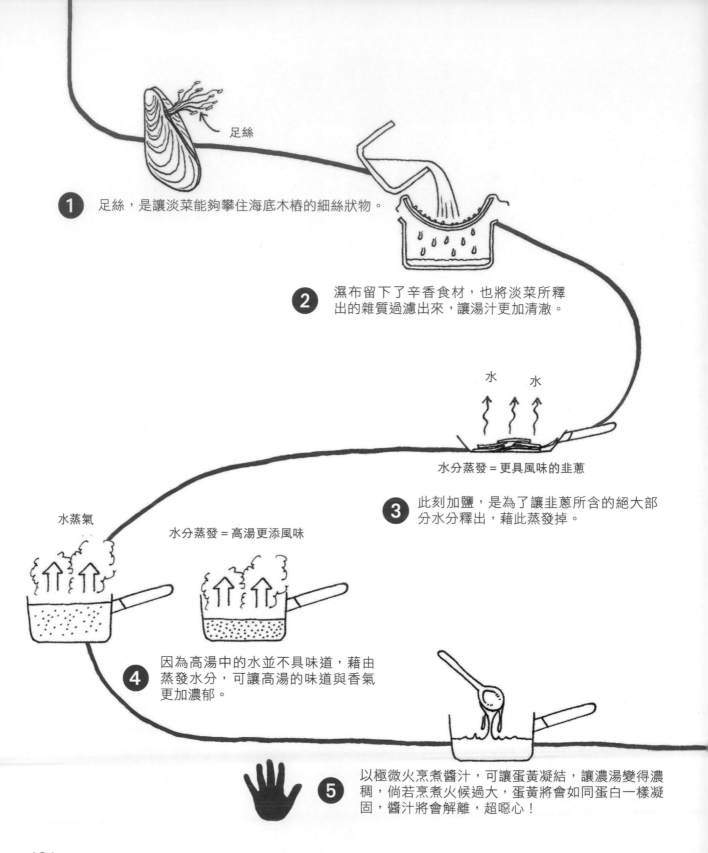

1 足絲，是讓淡菜能夠攀住海底木樁的細絲狀物。

2 濕布留下了辛香食材，也將淡菜所釋
出的雜質過濾出來，讓湯汁更加清澈。

水　　水

水分蒸發＝更具風味的韭蔥

3 此刻加鹽，是為了讓韭蔥所含的絕大部
分水分釋出，藉此蒸發掉。

水蒸氣

水分蒸發＝高湯更添風味

4 因為高湯中的水並不具味道，藉由
蒸發水分，可讓高湯的味道與香氣
更加濃郁。

5 以極微火烹煮醬汁，可讓蛋黃凝結，讓濃湯變得濃
稠，倘若烹煮火候過大，蛋黃將會如同蛋白一樣凝
固，醬汁將會解離，超噁心！

奶香干貝淡菜

讓人佩服到五體投地的一道好料理

我第一次嘗到這道料理，是在美國緬因州一家面海小餐館裡。我回國後，將食譜加以改良，讓人人都能做得出這道美味餐點。這是我與未婚妻特別喜歡的餐點之一，你將會發現，做法真的超簡單啦……

---

6 人份，備料時間：20 分鐘，烹煮時間：25 分鐘

食材：木樁淡菜 500 公克，聖賈克扇貝 12 顆，切成小塊狀的西洋芹 1 根，帶有蔥白並切成 3 公分長細絲狀的韭蔥 2 小根，剝除外皮切成細末狀的紅蔥頭 3 顆，不甜白酒 200cc，香芹 3 小株，蛋黃 6 顆，奶油 2 湯匙，優質鮮奶油 200cc，海鹽、現磨胡椒粉

做法：

❶ 清洗淡菜，刷洗淡菜殼，不要將淡菜浸泡在水裡，因為淡菜會吸收部分水分，將足絲拉起。

清洗聖賈克扇貝，充分拭乾，以保鮮膜覆蓋。

取一只大鑄鐵鍋，放入紅蔥頭、白酒、200cc 水、香芹與西洋芹，煮至沸騰，然後放入淡菜，攪拌後蓋上鍋蓋繼續煮，直到淡菜殼略為開口，丟掉那些沒有開口的淡菜，因為這些淡菜已不新鮮。

❷ 用濾杓將淡菜舀出，靜置高湯，讓大塊殘渣沉入鍋底，將高湯倒入鋪有一層濕布的濾盆中過濾。

將淡菜去殼後，以保鮮膜覆蓋，淡菜需略帶烹煮湯汁，以避免淡菜肉變乾。

❸ 在一只小平底鍋中放入 1 湯匙奶油，加入韭蔥、些許鹽，以極微火烹煮 5 分鐘，將小平底鍋放置一旁

備用。

❹ 該來準備濃湯醬汁了。將烹煮淡菜的湯汁熬煮收汁成半杯量，而後熄火。

將鮮奶油與蛋黃放入一只碗中，充分拌勻，再加入些許高湯，拌勻後再將整碗的食材倒入已冷卻的高湯中，放回火上，以極微火不停地攪拌熬煮。

當醬汁略微濃稠，約 15 分鐘後，即可熄火，放入淡菜稍加熱，可以來烹煮聖賈克扇貝了。

取一只小平底鍋，以大火加熱 1 湯匙奶油，當鍋裡已噼啪作響，奶油呈現漂亮的榛果色，就可放入聖賈克扇貝貝肉，並且在干貝雙面各煎 1 分鐘。

取 6 個盤子，在每個盤子底部鋪上一些韭蔥絲，撒點鹽與胡椒粉，擺上 2 顆干貝，最後在干貝四周放上幾顆淡菜，淋上些許醬汁，就大功告成了。

您絕對可以獲得極大的掌聲！

是滴！

＊這道料理非常簡單，但絕對得按部就班來。
＊先將淡菜肉浸在湯汁中，再處理後續步驟。

喔！不不不！

＊讓扇貝浸在水裡。
＊將扇貝煎過頭了。
＊把醬汁煮滾了。

蒜芹臘味生火腿佐淡菜

用手拿著吃才夠味喔！

這絕對是一道令人驚艷的料理！這道美食源自於法國西南方，尤其得選用最美味的木樁淡菜來料理，這種淡菜乃是攀附在海水木樁上養殖而成，因此而得其名。海味淡菜與香煎金黃的陸味臘腸合而為一，夠讓人驚艷的吧？你將會發現所有的風味充分融合，足以讓你的朋友們感到受寵若驚的！

---

6 人份，備料時間：15 分鐘，烹煮時間：20 分鐘

食材：已清洗乾淨的木樁淡菜 1.5 公斤，臘腸內餡 200 公克，生火腿 2 片，洋香菜半把，蒜頭 4 瓣，麵包粉 2 湯匙，橄欖油、現磨胡椒粉

做法：

假如淡菜沒有洗乾淨，那麼就充分清洗，但不可浸水，因為淡菜將會吸收水分，會喪失某一部分味道：所以，用指甲刷刷洗淡菜殼，並且將小海藻與足絲清除掉。

以 180℃ 預熱烤箱。

❶ 利用烤箱預熱時間準備內餡。將火腿切成 5 公釐厚度的小棒狀，摘取洋香菜葉片，並且切成細末狀，剝除蒜膜，並且拍扁。在一只大平底鍋中加入 2 湯匙橄欖油，以中火加熱。當油溫已熱，放入切成小丁狀的臘肉內餡，再放入火腿，緩緩炒香 10 分鐘，加入洋香菜葉末後，再炒香 2 分鐘。

❷ 放入蒜末與麵包粉，即可熄火，充分攪拌，並且充分地刮取平底鍋底部。

此時內餡應該些許濃稠，並且呈現焦糖醬化，略具黏度，但不至於燒焦。

取你擁有的最大一個烤盤，將淡菜放入，將烤盤放入熱烤箱中，2 分鐘後將淡菜翻面，再放入烤箱 1～2 分鐘。當淡菜殼已微張，即可從烤箱中取出，稍後再煮。把完全沒有開口的淡菜丟棄在一旁，因為它們已不新鮮。

將烤箱的熱度維持在 180℃。

❸ 拆去淡菜上殼，將內餡醬倒入下殼淡菜肉上。

送入烤箱加熱 5 分鐘。

不要加鹽：因為臘肉內餡與火腿已經夠鹹了，撒點兒胡椒粉，將食材擺在大沙拉盆中即可上桌，別忘了端上幾碗裝有檸檬瓣的洗手水。

脖子上記得圍上餐巾再品嘗喔！

超棒棒

* 麵包粉將凝聚所有的內餡食材。
* 以烤箱烘烤淡菜。

超白痴

* 以鑄鐵鍋烹煮淡菜。
* 煮完後又撒上鹽。

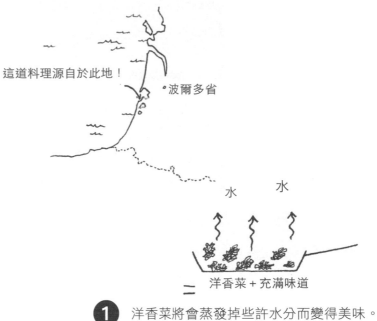

這道料理源自於此地！

波爾多省

水　　水

＝　洋香菜 + 充滿味道

1 洋香菜將會蒸發掉些許水分而變得美味。

汁液 = 非常美味

麵包粉

麵包粉

汁液　　　汁液

汁液

2 藉由刮著平底鍋鍋底，你將可以回收麵包粉已吸收的美味醬汁。

3 最簡單的攪拌方法就是用手攪拌，並且分次少量將內餡醬拌進去。

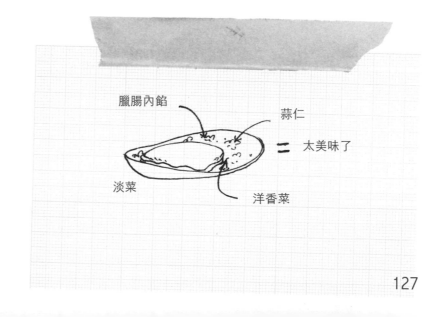

臘腸內餡

蒜仁

＝　太美味了

淡菜

洋香菜

煙燻培根佐干貝

外層酥脆、內層軟嫩

煙燻培根與聖賈克干貝可完美結合，相得益彰！不同的口感搭配出最美妙的味蕾演出：煙燻培根的酥脆相對聖賈克干貝的軟嫩，是真正的幸福啊……可當作前菜，若想當作主菜，那就把食材分量加倍吧。

---

4 人份，備料時間：10 分鐘，烹煮時間：6 分鐘

食材：去殼聖賈克干貝 12 顆，極薄煙燻培根 12 片，橄欖油 3 湯匙

做法：

❶ 將聖賈克干貝在流水下洗淨後，充分拭乾。

以中火加熱一只平底鍋，當鍋已熱，放上煙燻培根（無須加油，因為培根肉已充滿油脂），乾煎 2 分鐘後，將培根肉片翻面，續煎 1 分鐘。將培根肉片放入一個已鋪好吸油紙巾的餐盤上，以去除多餘油脂。

❷ 用一片肉片將一顆聖賈克干貝包裹起來，並用牙籤插住加以固定。

❸ 以大火加熱一只平底鍋，當鍋已非常熱，放入橄欖油，隨即放入已包裹煙燻培根的干貝，香煎 2 分鐘，讓培根肉片變得酥脆。將牙籤取下，將干貝翻面，另一面續煎 2 分鐘。

搭配一瓶優質的清爽白葡萄酒，隨即上桌囉。

特別加註

＊香煎前，一定要充分拭乾干貝水分。

＊煙燻培根需煎得酥脆。

我絕對會避免的做法

＊在烹煮前或烹煮過程中加鹽或胡椒粉。

＊以太弱的火候烹煮。

這裡將無法香煎金黃

這裡也不會

這裡也是

此處可煎得金黃上色

1 除去多餘的水分將可使扇貝變得更加美味。

這裡，受熱程度較少

這裡，受熱程度較多

＝ 不太妙！！

每個地方受熱程度
均勻一致。

2 不要將煙燻培根包成兩層，否則煙燻培根會需要更多烹煮
時間，但如此一來，聖賈克干貝就會煮過頭了。

此處熱度強

此處熱度強

此處熱度弱

此處熱度弱

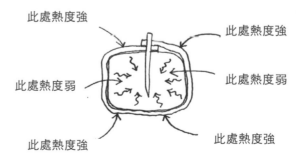

此處熱度強

此處熱度強

3 煙燻培根將可略微避免聖賈克干貝在烹
煮過程中因為熱度過高而煮過頭了。

香煎羊魚
宛如親臨希臘

我第一次品嘗到這道料理，是在希臘一個迷你漁港的小酒館中，四周充滿著陽光、假期與大海的氛圍……漁船靜靜擺盪著，坐在小艇中央的孩子們戲著水……人們用手吃著這些前一晚才釣上岸的羊魚，飲著松脂風味的希臘葡萄酒。這份食譜可讓你與朋友們共享一道極為簡單且美味的夏日餐點，就算沒到希臘，沒有松脂葡萄酒也一樣盡興！

4 人份，備料時間：5 分鐘，烹煮時間：4 分鐘

食材： 除去魚鱗的小羊魚 12 尾，檸檬 1 顆，橄欖油、海鹽、現磨胡椒粉

做法：

烹煮前 30 分鐘，將魚兒從冰箱中取出。

❶ 將羊魚置於流水下沖洗，並且用廚房紙巾充分拭乾。

❷ 取一只可以將所有的魚兒平放入鍋中的平底鍋，倒入橄欖油至 1 公分的高度，充分加熱。當油溫已夠高，將魚兒並排放入，酥炸至表層酥脆，內部魚肉相當柔嫩的程度。

2 分鐘之後，小心地將魚兒翻面，再繼續香煎 2 分鐘。將魚兒放在吸油紙巾上，以吸取多餘油脂。

撒點鹽與胡椒粉，搭配檸檬瓣，趁熱享用吧！

這就對了
* 對這道食譜而言，小尾的羊魚是比較適合的。
* 選擇一般羊魚，而非通常用來煮魚湯的豹羊魚。

這樣就大錯特錯囉！
* 烹煮前先撒上鹽與胡椒粉。
* 使用的油溫不夠高。

假如你的油溫並不是很熱，那麼就無法在魚肉表面形成一道酥脆皮層，如此一來，魚肉將會變得有點兒油膩。

··· en Sundays

POST CARD

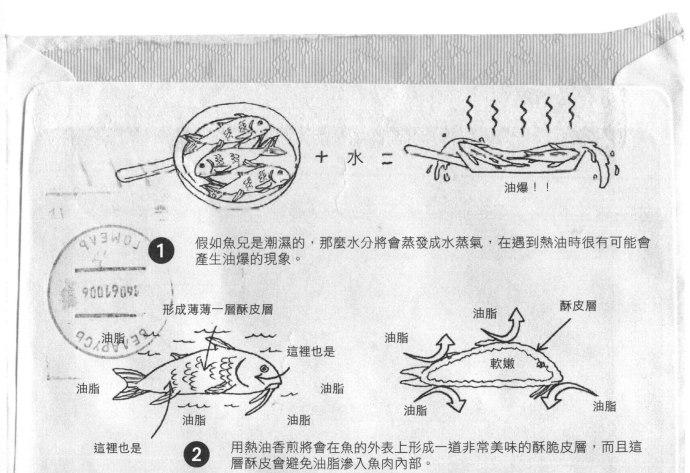

+ 水 =

油爆！！

1 假如魚兒是潮濕的，那麼水分將會蒸發成水蒸氣，在遇到熱油時很有可能會產生油爆的現象。

形成薄薄一層酥皮層

油脂

油脂

這裡也是

油脂

油脂

這裡也是

油脂

酥皮層

軟嫩

油脂

油脂

油脂

2 用熱油香煎將會在魚的外表上形成一道非常美味的酥脆皮層，而且這層酥皮會避免油脂滲入魚肉內部。

131

單面香煎鮭魚
半生半熟、又帶點兒酥脆

我超喜歡這道簡易版食譜,讓魚肉在嘴裡呈現極為迥異的口感:酥脆的魚皮、略微扎實的熟魚肉與非常軟嫩的生魚肉,有點兒像是生魚片一樣。只需香煎帶皮面就行了,這個神奇的密技,讓人甘下地獄以求之啊!

---

6 人份,備料時間:2 分鐘,烹煮時間:8 分鐘

食材:帶皮鮭魚菲力 4 塊,橄欖油 1 湯匙,奶油 1 湯匙,海鹽、現磨胡椒粉

做法:

烹煮前 1 小時,將鮭魚菲力從冰箱中取出。

用雙手輕輕觸摸菲力魚塊,確定魚塊上沒有任何魚骨,假如還有的話,請用拔毛鉗將魚骨刺取出,這是非常容易的。

以中火加熱一只平底鍋,並放入橄欖油。

❶ 當油溫已熱,放入魚菲力,帶皮面朝向鍋底。

❷ 香煎魚皮變得十分酥脆,並且菲力中央部分已煮熟,上層仍是生的即可,需時 5 ～ 6 分鐘。

撒點兒鹽與胡椒粉就可上桌了。

> **完美做法**
> * 選擇帶皮菲力。
> * 用拔毛鉗去除魚骨刺。

> **再愚蠢不過的做法**
> * 在烹煮前或烹煮過程中加鹽或胡椒粉。
> * 以鮭魚塊來取代鮭魚菲力。

鮭魚菲力

魚肉塊

煙燻鮭魚

選用厚度相同的帶皮鮭魚菲力來料理這道美食吧！好讓烹調的熱度可以均勻。
千萬不要選用魚塊或是煙燻鮭魚，不要不要喔！

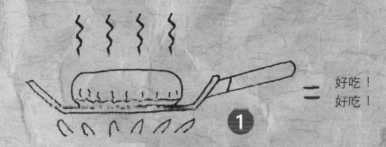

好吃！
好吃！

1

香煎後的魚皮將會變得酥脆。

這裡煮不到

這裡只會加熱到一點點

這裡會緩緩香煎

2

熱度上揚

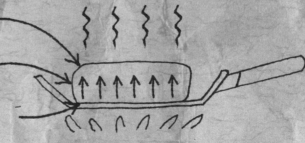

香煎魚皮時將會產生美妙的梅納反應，味道將會被
釋放出來，並且滲透到魚肉內部，讓魚肉擁有絕美
的風味。

香蒜江鱈菲力

地中海風味料理

江鱈的好處之一在於我們可以分兩段式烹調，因此你不需要在賓客都到的時候，還一直待在廚房裡。這道料理非常簡單，香草醬汁搭配著魚肉，將讓所有風味均具有質感。你可以熱熱吃，溫食也不錯，甚至在夏天吃冷的都行。

---

6 人份，備料時間：10 分鐘，烹煮時間：25 分鐘

食材： 每塊 200 公克的江鱈菲力共 800 公克，去梗粗切的龍蒿 1/4 把，去梗粗切的細葉芹菜 1/4 把，優質去皮番茄 1 顆，去梗粗切的洋香菜 1/4 把，蒜瓣 3 瓣，青檸檬 1 顆，芫荽籽 20 幾顆，橄欖油 9 湯匙，海鹽、現磨胡椒粉

做法：

烹煮前 1 小時，先將魚肉從冰箱中取出，沖洗乾淨後，用吸油餐巾紙拭乾。

❶ 將 1 小湯鍋的水煮滾，在湯鍋裡頭放入蒜瓣，放置 10 分鐘，再將蒜瓣取出放涼。

❷ 準備醬汁：剝除番茄外皮，切成瓣狀，用湯匙或用手去籽，將番茄切成約 5 公釐大小的小丁狀。

取一只大碗，放入番茄丁、檸檬汁、芫荽籽、些許鹽與胡椒粉，攪拌均勻。再慢慢地倒入 6 湯匙的橄欖油充分拌打，如同製作美乃滋一樣，再加入香草料，緩緩攪拌，放置室溫下備用。

剝除蒜瓣皮膜，對半切開，在每一塊江鱈魚肉上劃上兩刀，將蒜瓣塞入魚身當中。

❸ 香煎魚塊：在你的雙手放上 1 湯匙的油，並用雙手撫摸魚塊，這樣比較方便。你除了可以感受到魚肉的緊實度之外，還可大略拿捏烹煮時間長短。

❹ 把魚肉菲力放在一只炙熱的平底鍋中香煎，每一面油煎 1 分鐘，只需煎到表面金黃即可。

❺ 將魚肉上桌前，先以 160℃ 預熱烤箱 10 分鐘，把江鱈菲力放在烤盤上，覆蓋上鋁箔紙，再將烤盤放入烤箱中烘烤 10 分鐘。

確認烹煮程度：輕輕地用一支細竹籤插入菲力的正中央，停留 30 秒，再將細竹籤放至你的唇上，假如細竹籤是冷的，那麼表示魚肉還沒煮熟，假如竹籤已微溫，那就大功告成了！

可以將魚肉擺在一個漂亮的盤子上，淋上些許醬汁，將剩餘醬汁放在醬汁皿上，撒點兒鹽和胡椒粉吧。

祝您用餐愉快……

我們超愛的做法

＊江鱈只有一支中骨刺，而且沒有鱗片（真的真的真的）。
＊江鱈，是罕見可以利用兩段式烹調法來料理的魚肉。

我們討厭的做法

＊在江鱈菲力中塞入生大蒜。
＊未用鋁箔紙覆蓋烤盤。
＊烹煮前在魚肉上撒鹽與胡椒粉。

生大蒜 ＝ 味道嗆辣 ＝ 口氣難聞

熟大蒜 ＝ 味道細緻溫和 ＝ 不會有難聞的口氣 ＝ 美味好吃

1 生大蒜的味道非常嗆，因此，我們略微煮過，讓它的味道變得溫和一些。

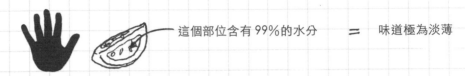

這個部位含有99%的水分 ＝ 味道極為淡薄

2 番茄籽與番茄果肉幾乎都是水，因此我們無須在醬汁中加水，因為水是沒有味道的。

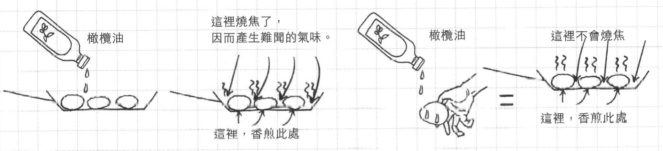

橄欖油　　這裡燒焦了，因而產生難聞的氣味。

橄欖油　　這裡不會燒焦

這裡，香煎此處 ＝ 這裡，香煎此處

3 讓平底鍋裡魚肉旁的橄欖油燒焦是一點用途也沒有！

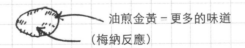

油煎金黃－更多的味道
（梅納反應）

4 梅納反應可釋放出魚肉味道，正如烹煮肉類食材一樣。

在潮濕的環境下烹煮，魚肉將不會變乾。

5 鋁箔紙可以留住魚肉所釋放出來的水分，有點兒像是荷葉包裹料理的道理一樣。
魚菲力在濕潤的環境下烹煮將不會變乾。

海鮮燉飯

這道料理，可以讓你展現一下當大廚的威風了……

我第一次嘗到這道燉飯料理，是在義大利普利亞區馬丁納佛藍卡（Martina Franca）一家名叫「里維歐餐館」（Chez Livio）的平價小飯店裡。這道食譜相當簡單，但就像平常烹煮番紅花燉飯一樣，需要自製熱熱的鮮魚高湯，而且還得少量慢慢添加，這就是做出好吃燉飯的祕訣囉！

---

4 人份，備料時間：15 分鐘，烹煮時間：25 分鐘

食材：亞伯西歐米（arborio）或是卡納羅利米（carnaroli）300 公克，自製魚高湯 1 公升（若無，使用冷凍魚高湯也可以，但切勿用高湯塊調製！），新鮮的花枝圈 200 公克，木椿淡菜 500 公克，蛤蜊 500 公克，剝除蒜末並拍扁的蒜仁 1 瓣，剝除外皮切成細末狀的紅蔥頭 2 小顆，洋香菜 4 小株，不甜白葡萄酒 300cc，奶油 2 湯匙，橄欖油 3 湯匙，海鹽、現磨胡椒粉

做法：

❶ 將淡菜與蛤蜊置於流水下加以刷洗。

將 2 湯匙橄欖油放入鑄鐵鍋中，以中火加熱，加入紅蔥頭與蒜仁，爆香 1 分鐘，再加入洋香菜、200cc 白酒、淡菜與蛤蜊，蓋上鍋蓋，燜煮 2 分鐘，好讓貝殼略為開口。

❷ 當貝殼微開，把貝殼從鍋中取出，放在烤盤上，並保留鑄鐵鍋中的烹煮湯汁與香草食材備用。將湯汁略為靜置幾分鐘，好讓雜質能夠沉到鍋底。隨後，將一塊濕布放至細目濾盆上，將濾盆放在一個大碗上，將湯汁倒入，加以過濾。

在平底鍋中放入 1 湯匙橄欖油，以大火加熱，放入花枝圈，快炒 2 分鐘後，將花枝圈倒入一只碗中，再把花枝釋出的湯汁與貝類湯汁混合。

將淡菜肉與蛤蜊肉從殼中取出，同

放在一只碗中，覆蓋上保鮮膜。

將魚高湯倒入一只大湯鍋中，以文火加熱，再倒入貝類與花枝的湯汁，以文火持續保持此高湯的熱度。

❸ 取一只平底鍋，以文火融化奶油，然後加入米，烹煮 2 分鐘，直到米變得透明，隨後加入剩下未用的白酒，熬煮至白酒幾乎要完全蒸發。

❹ 舀起一瓢溫度極高的魚高湯倒入米鍋中，不停地慢慢攪拌，直到高湯完全被米吸收，然後再舀入另一瓢熱高湯，持續同樣動作，直到完全烹煮完畢，需時 16～17 分鐘。

❺ 擺入海鮮食材與花枝，撒點兒鹽和胡椒粉，充分攪拌後，蓋上鍋蓋靜置約 2 分鐘即可上桌。

呼喊你的朋友們上桌開飯了！燉飯就像舒芙雷蛋糕一樣，可是讓人等不得的！

須知事項

* 亞伯西歐米或卡納羅利米是最適合用來烹煮燉飯的。
* 少量分次加入熱高湯，過程中須不停攪拌米粒。

禁止事項

* 使用傳統米或不具黏性的米。
* 高湯量不足，以至於無法煮出具有黏性的燉飯。
* 燉飯煮過頭了。

1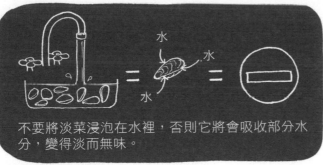

不要將淡菜浸泡在水裡，否則它將會吸收部分水分，變得淡而無味。

2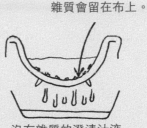

雜質會留在布上。

沒有雜質的澄清汁液。

濕布將可過濾香草蔬菜以及淡菜貝殼類所吐出的砂石雜質，齒間沒有嘎滋作響的小石子作怪，燉飯將會更好吃，不是嗎？

3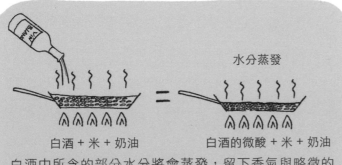

水分蒸發

白酒 + 米 + 奶油

白酒的微酸 + 米 + 奶油

白酒中所含的部分水分將會蒸發，留下香氣與略微的酸度，而此酸度將會提升其他食材的風味，正因如此，我們才需在燉飯中加入白酒。

4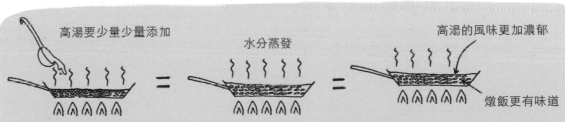

高湯要少量少量添加

水分蒸發

高湯的風味更加濃郁

燉飯更有味道

少量多次加入高湯，讓高湯水分蒸發量比我們一口氣加入的量還要多，如此一來，高湯味道會變得較為濃郁，燉飯將會更具風味。

5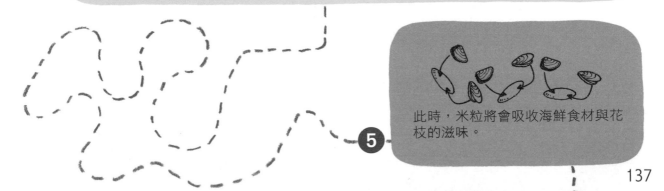

此時，米粒將會吸收海鮮食材與花枝的滋味。

蔬菜

蔬菜跟魚肉一樣：通常人們都不知道該如何料理，在此提供幾道非常簡單的食譜，讓你可以肆無忌憚享用蔬菜吧！蔬菜充滿維生素、礦物質與纖維素。我並不是要針對其好處或是每天該食用多少的量來為你上一堂課，這些雜誌都會提到啊⋯⋯

但我們還是必須大量食用蔬菜⋯⋯尤其是當季蔬菜！我們現在幾乎一整年都可以買到各種蔬菜，事實上，這是不合理的。誰不曾在冰箱裡擺放一顆番茄長達一個月之後還沒壞？你覺得這正常嗎？再說了，番茄是絕不能放冰箱的，這會損及風味的。

在歐洲，生長於 12 月的草莓絕非是以正常方式種植的，蔬菜也是同樣的道理。稍微參考一下附頁表格，你將可以找到所有日常蔬菜的最佳盛產期，還有一些生長在土裡的根莖類蔬菜，這種蔬菜的耕作間隔期較長，也較耐放。

現在有一些非常棒的商店專門出售冷凍食品，有許多蔬菜相當適合冷凍處理。在盛產季一摘下來就以冷凍方式處理，將會保有蔬果本身的維生素。在冬天，我認為最好購買冷凍綠豌豆，而非選用消耗煤油燃料搭飛機進口的新鮮綠豌豆，否則我們也會成為汙染地球的幫兇喔！

蔬菜最棒的地方在於有著不同的味道、口感、形狀與顏色⋯⋯大膽進行調配吧：讓乳酪與辛香蔬菜做結合，生吃、磨碎、燉煮、燴煮、燒烤、打成汁、做成冷湯通通都行⋯⋯事實上，蔬菜存在著數千種烹煮與品嘗方式呢！

蔬果本身 80 ～ 95% 都是水分

蔬菜的產季

	1月	2月	3月	4月	5月	6月	7月	8月	9月	10月	11月	12月
大蒜							XX	XX				
小茴香	XX	XX	XX	XX	XX	XX	XX	XX	XX	XX	XX	XX
朝鮮薊			X	XX	XXX	XXX	XXX	XXX	XXX	XX		X
蘆筍			X	XX	XX	XX	X					
茄子							XX	XX	XX			
酪梨	XX	X										
羅勒	XX	XX	XX	XX	XX	XX	XX	XX	XX	XX	XX	XX
甜菜	XX	XX	XX	XX	XX	XX	XX	XX	XX	XX	XX	XX
紅蘿蔔	XX	XX	XX	XX	XX	XX	XX	XX	XX	XX	XX	XX
西洋芹	XXX	XXX	XX	X						X	XX	XXX
牛肝蕈菇									XX	XX	XX	XX
細葉芹菜	XX	XX	XX	XX	XX	XX	XX	XX	XX	XX	XX	XX
洋菇									XX	XX	XX	XX
大白菜	XXX	XXX	XX	X						X	XX	XXX
球芽甘藍菜	XXX	XXX	XX	X						X	XX	XXX
紫高麗菜	XXX	XXX	XX	X						X	XX	XXX
高麗菜	XXX	XXX	XX	X						X	XX	XXX
寶塔花椰菜	XXX	XXX	XX	X						X	XX	XXX
花椰菜	XXX	XXX	XX	X						X	XX	XXX
細洋香蔥	XX	XX	XX	XX	XX	XX	XX	XX	XX	XX	XX	XX
大黃瓜	X	XX	XXX	XXX	XXX	XXX	XXX	XXX	XX	X		
芫荽	XX	XX	XX	XX	XX	XX	XX	XX	XX	XX	XX	XX
迷你小黃瓜					XX	XX	XX					
櫛瓜					X	XX	XX	XX	X			
螺絲菜	XX	XX	X								X	XX
水芥菜					X	XX	XX	XX	XX	XX	X	
苦苣	XXX	XX	X							X	XX	XXX
菠菜	XX	XX	XX	XX	XX	XX	XX	XX	XX	XX	XX	XX
紅蔥頭	XX	XX	XX	XX	XX	XX	XX	XX	XX	XX	XX	XX
龍蒿	XX	XX	XX	XX	XX	XX	XX	XX	XX	XX	XX	XX

	1月	2月	3月	4月	5月	6月	7月	8月	9月	10月	11月	12月
茴香	XX	XX	X								X	XX
蠶豆			X	XX	XX	XX	X					
雞油蕈菇									XX	XX	XX	XX
四季豆							XX	XX	XX			
月桂葉	XX	XX	XX	XX	XX	XX	XX	XX	XX	XX	XX	XX
玉米							X	XX	XX	X		
薄荷	XX	XX	XX	XX	XX	XX	XX	XX	XX	XX	XX	XX
羊肚蕈菇									XX	XX	XX	
白蘿蔔	XX	XX	X								X	XX
洋蔥	XX	XX	XX	XX	XX	XX	XX	XX	XX	XX	XX	XX
酸模	XX	XX	XX	XX	XX	XX	XX	XX	XX	XX	XX	XX
南瓜	XX	XX	X						X	XX	XX	XX
豌豆			X	XX	XX	XX	X					
香芹	XX	XX	XX	XX	XX	XX	XX	XX	XX	XX	XX	XX
扁豌豆莢			X	XX	XX	XX						
甜椒						X	XX	XX	X			
辣椒						X	XX	XX	X			
紅栗南瓜	XX	XX	X						X	XX	XX	XX
韭蔥	XX	XX	XX	X				X	XX	XX	XX	XX
馬鈴薯	XX	XX	XX	XX	XX	XX	XX	XX	XX	XX	XX	XX
紅皮白蘿蔔	XX	XX	XX	XX	XX	XX	XX	XX	XX	XX	XX	XX
迷迭香	XX	XX	XX	XX	XX	XX	XX	XX	XX	XX	XX	XX
紫皮白蘿蔔	XX	XX	X								X	XX
香薄荷	XX	XX	XX	XX	XX	XX	XX	XX	XX	XX	XX	XX
鼠尾草		XX	XX	XX	XX	XX	XX	XX	XX	XX	XX	XX
萵苣沙拉	XX	XX	XX	XX	XX	XX	XX	XX	XX	XX	XX	XX
黃豆	XX	XX	XX	X	XX	XX	X	XX	XX	XX		
番茄			X		XX	XXX	XXX	XX	X			
菊芋	XX	XX	X								X	XX
百里香	XX	XX	XX	XX	XX	XX	XX	XX	XX	XX	XX	XX

羅勒香蒜番茄普切塔
一道香氣十足的開胃菜

這是義大利的一道經典大菜,經常用來當作餐前酒料理,我將跟你解釋成功做出一道普切塔的須知要項,隨後你將可以按照自己的喜好去改良這道食譜:可以放上燒烤蔬菜、燒肉串……放上任何你想要吃的東西。這是一道非常簡單的料理,就跟往常一樣,你需要的只是最佳食材。

4 人份,備料時間:10 分鐘,烹煮時間:1 分鐘

食材:特選法國長棍麵包半根,剝除蒜末的蒜仁 1 瓣,切成細末狀的羅勒葉 6 片,優質番茄 1 顆,檸檬汁 2 滴,橄欖油 1 湯匙,海鹽、現磨胡椒粉

做法:
以 200℃ 預熱烤箱的上烤架。

❶ 利用預熱烤箱時間準備番茄:削去番茄外皮,假如番茄夠扎實的話(沒錯沒錯,番茄是可以用蔬果削皮刀去皮的),假如不行,就在滾水中靜置 30 秒,剝去外皮即可。

❷ 將番茄切成瓣狀,用小湯匙去籽,再將番茄切成小塊狀,放在一只碗裡,倒入檸檬汁以及橄欖油,充分拌勻。

以上步驟,您都可以事先準備,以下步驟可不行了,但是以下步驟只需 2 分鐘即可!

❸ 將半根長棍麵包切成 1 公分厚度的片狀,並將麵包片放在烤架上,放入烤箱離上烤架 10 公分處,加以烘烤,讓麵包片開始變得金黃即可,另一面不要烘烤,以免麵包失去柔軟度,吃起來像甜脆餅乾。

拿起蒜瓣塗抹烤得金黃的麵包那一面,抹到足以增添香氣即可。

將羅勒葉細末加入番茄丁中充分攪拌,在每片麵包上放些許綜合蔬菜丁。

撒點兒鹽、胡椒粉,迅速上菜了。

你可以使用龍蒿或是些許細葉芹菜來取代羅勒,或是將這些香菜食材混合使用,再不然,加幾顆芫荽籽也行,只要你喜歡就好。大膽放心做出創意菜色吧!

非常出色
* 將麵包稍微烤過,讓它略微變乾。
* 烤麵包上的小酥層將可避免番茄的水分過於迅速滲入麵包內層。
* 鹽未溶在油裡。

這還不夠糟糕嗎
* 使用沒有烤過的麵包。

充滿水分，鮮少味道。

番茄皮沒有味道，而且很難消化。

番茄肉充滿味道。

1 番茄皮沒有味道，而且有點兒難咬。

2 幾滴檸檬汁將會帶來些許清新的風味口感。

燒烤過的吐司將可阻擋水分迅速
滲入麵包的內層。

吐司麵包吸收了醬汁，就會像吸
了水的海綿一樣濕潤。

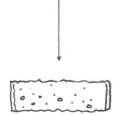

烤過的麵包

未烤過的麵包

3 麵包燒烤過的部分將會變乾，形成一層小酥層，可以阻擋橄欖油或是番茄的水分迅速地進入到
麵包內層。假如你不烘烤麵包的話，它將會吸收水分與番茄汁，整塊麵包都會變得溼答答的。

你知道嗎？在中古世紀，人們會將麵包片香煎，用來當作盤子使用，
將這些麵包片施捨給窮人食用。

1 公斤的大黃瓜　　　　0.95 公斤的水　　95%含水

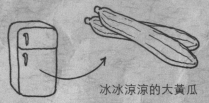

冰冰涼涼的大黃瓜

1 你若使用已冰涼的大黃瓜，那麼就不需要再花時間去冰你的湯了。

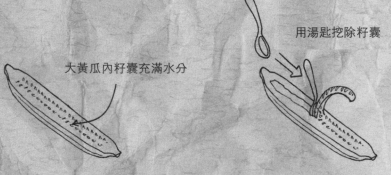

用湯匙挖除籽囊

大黃瓜內籽囊充滿水分

2 大黃瓜籽囊幾乎都是水，假如你把它放在湯裡頭，那麼所有的味道將會被稀釋掉。

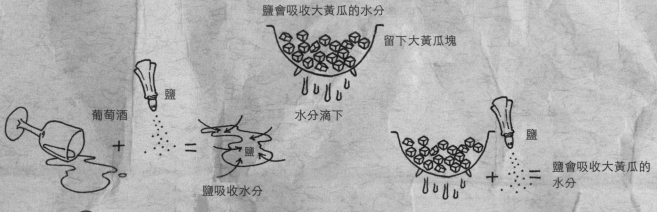

鹽會吸收大黃瓜的水分

留下大黃瓜塊

水分滴下

葡萄酒　+　鹽　=　鹽

鹽吸收水分

鹽

鹽會吸收大黃瓜的水分

3 鹽將會吸收大黃瓜的部分水分，留下最精華的味道。

大黃瓜冷湯
當天氣很熱時

當天氣熱，而我們又想做出一道非常簡單且清涼的前菜時，這道餐點再理想不過了。至少提前 2 小時來準備這道湯品，讓湯變得冰涼。

---

4 人份，備料時間：10 分鐘

食材：大黃瓜 3 根，切成細末狀的薄荷葉 4 片，剝除蒜皮磨成泥狀的蒜仁半顆，保加利亞優格 2 罐，鮮奶油 1 湯匙，卡宴紅椒粉 1 小撮，粗鹽、海鹽、現磨胡椒粉

做法：

❶ 前一夜將大黃瓜擺入冰箱冷藏。

❷ 削去大黃瓜外皮，剖切對半，去除黃瓜籽囊。

❸ 將黃瓜切成小塊狀，放入濾盆當中，撒上些許粗鹽，充分拌勻，靜置約 20 分鐘，讓大黃瓜釋出水分。

當大黃瓜已釋出大部分的水分，再將大黃瓜放入食物研磨機中，放入蒜頭、優格、鮮奶油與紅椒粉，加點兒鹽與胡椒粉，開啟機器研磨 1 分鐘，讓所有食材都磨成如湯汁般的流體狀，將湯倒入一只漂亮的沙拉盤中，再灑上薄荷葉細末。

放入冰箱冷藏 2 小時後，就可上桌。

你也可以預先將餐盤放入冷凍庫中，當你將湯倒入餐盤時，湯品將會十分冰冷。

> **須知事項**
> ＊料理前一晚將大黃瓜放至冰箱冷藏 1 夜。

> **須避免的做法**
> ＊未讓大黃瓜釋出水分。

蔥香乳酪白蘿蔔
一道非比尋常的開胃菜料理

小白蘿蔔十分美味，要比大白蘿蔔口感更為溫和、細緻。搭配鮮奶油、洛克福羊奶乳酪與細洋香蔥，十分對味。配上一小杯好酒當做餐前菜，好好品嘗一番吧！

6 人份，備料時間：15 分鐘，烹煮時間：10 分鐘

食材：直徑約 3 公分的**小白蘿蔔** 18 顆，剝除外皮且切成細末狀的小洋蔥 1/4 顆，切成細末狀的**細洋香蔥** 3 小株，洛克福羊奶乳酪 40 公克，鮮奶油 2 湯匙，奶油 1 茶匙，海鹽、現磨胡椒粉

做法：

❶ 削去白蘿蔔外皮，切除莖葉。

❷ 將白蘿蔔放至冷鹽水中，煮至沸騰後續煮 10 分鐘。

當刀尖可以輕易插入內部，即可將白蘿蔔從水中取出，讓白蘿蔔略微降溫。

❸ 將白蘿蔔的上部切除，用一支蔬果挖匙挖空內部；假如你沒有蔬果挖匙，那麼用一支小湯匙來替代也可以。

將剛剛切下的白蘿蔔塊切成細末狀，拌入洛克福羊奶乳酪中。

以微火加熱一只小平底鍋，放入奶油。當奶油融化，就可加入 1/4 的洋蔥細末，香炒 2 分鐘，讓洋蔥末融於奶油中。

然後放入蘿蔔細末與洛克福羊奶乳酪，倒入鮮奶油，緩緩熬煮 5 分鐘，不停攪拌，讓它稍微收汁，靜置降溫。

放入細洋香蔥細末，輕輕攪拌。再將炒香的食材填回白蘿蔔殼裡。

此時，賓客們若尚未到達，你可以稍微停下手邊的工作，稍待片刻（將白蘿蔔覆蓋上保鮮膜）。

等賓客一到，以 140℃ 加熱烤箱，將白蘿蔔放入烤盤中，回溫加熱 5 分鐘，讓溫度略升至微溫即可。在白蘿蔔上撒點兒胡椒粉，就可端上桌囉。

完美成功的做法
＊把小白蘿蔔切成同樣的大小。
＊略為烹煮，鮮奶油就會變得濃稠。

一塌糊塗的做法
＊使用大顆的蘿蔔或是大小不一的蘿蔔。

母羊

洛克福羊奶乳酪

① 大小一致的小白蘿蔔 ＝ 相同的烹煮時間

大小不一的小白蘿蔔 ＝ 不同的烹煮時間

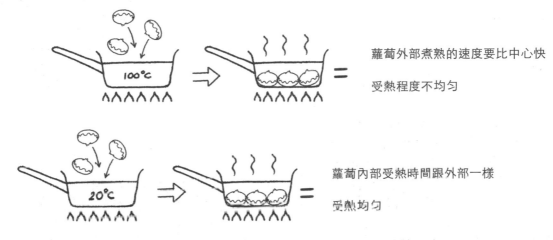

蘿蔔外部煮熟的速度要比中心快
受熱程度不均勻

蘿蔔內部受熱時間跟外部一樣
受熱均勻

② 假如你將白蘿蔔直接放入滾水中烹煮,那麼蘿蔔外部開始熟時,中間部位並沒有受熱,因為熱度尚未完全滲透到中間部位。如此一來,白蘿蔔的外部將比中心部位更快熟。因此,我們應該以冷水來烹煮白蘿蔔。

蔬果挖匙

匙上的小洞可以排出白蘿蔔所含的水分。

③ 你可用這把神奇的小湯匙在水果與蔬菜上頭挖洞……這才是真正的幸福啊!

147

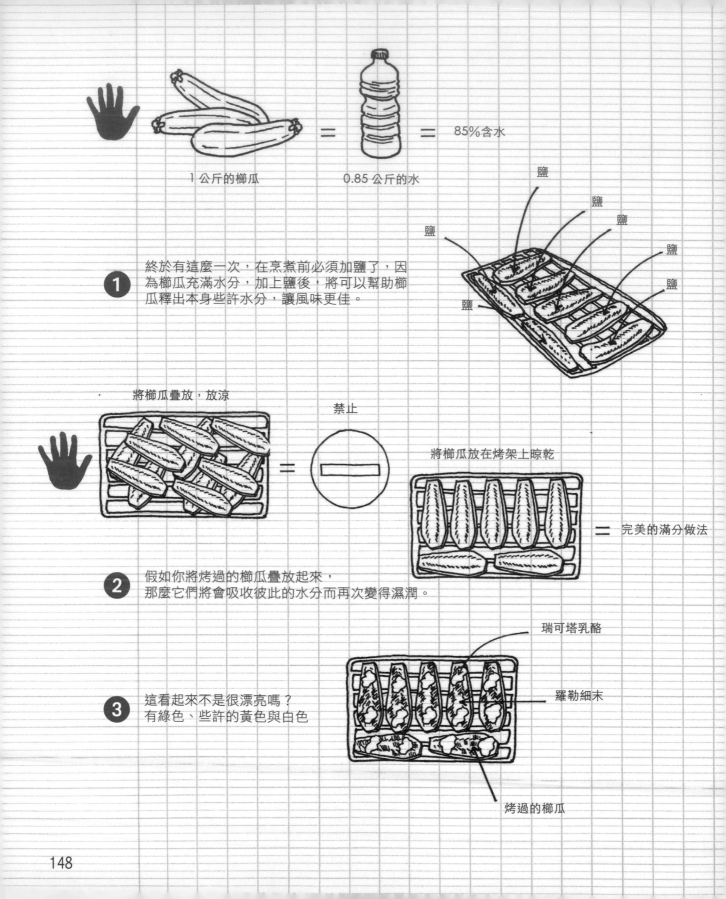

1 公斤的櫛瓜 = 0.85 公斤的水 = 85%含水

1 終於有這麼一次，在烹煮前必須加鹽了，因為櫛瓜充滿水分，加上鹽後，將可以幫助櫛瓜釋出本身些許水分，讓風味更佳。

鹽

將櫛瓜疊放，放涼

禁止

將櫛瓜放在烤架上晾乾

= 完美的滿分做法

2 假如你將烤過的櫛瓜疊放起來，那麼它們將會吸收彼此的水分而再次變得濕潤。

瑞可塔乳酪

羅勒細末

3 這看起來不是很漂亮嗎？有綠色、些許的黃色與白色

烤過的櫛瓜

瑞可塔乳酪佐香烤櫛瓜

帶點兒綠、黃、白與焦黃咖啡的繽紛色調……

這道食譜中櫛瓜那微微的燒烤味與瑞可塔乳酪的清爽風味十分搭配，真是令人難以置信啊！在每片櫛瓜所滴上的那幾滴巴薩米克醋，更添加了烹調時的細緻糖漿風味，所有味道彼此相互襯托，完美協調地呈現出一道非常清爽的前菜！

---

4 人份，備料時間：10 分鐘，烹煮時間：20 分鐘

食材： 果肉扎實的優質櫛瓜 3 條，瑞可塔乳酪 125 公克，羅勒葉 10 幾片，巴薩米克醋、橄欖油、海鹽、現磨胡椒粉

做法：
以 240℃最高溫加熱烤箱上烤架模式。

❶ 清洗櫛瓜，切除頭尾兩端，並以縱切方向，將櫛瓜切成厚度 3 ～ 4 公釐的薄片，撒點兒鹽。

❷ 把櫛瓜薄片放至烤架上，淋上少許橄欖油、1 或 2 滴的巴薩米克醋，每面烘烤約 10 分鐘，讓櫛瓜表面漂亮地金黃上色。將烤架從烤箱取出，若情況允許，就將櫛瓜留在烤架上放涼，以免櫛瓜片變得過軟。

取一只足以平放所有櫛瓜、不會相疊的大盤子，在盤底淋上些許橄欖油，將櫛瓜片並排擺入。

❸ 在每片櫛瓜片上擺上 2 茶匙的瑞可塔乳酪，撒上剛剛切好的羅勒葉細末，必要時撒點兒胡椒粉。

這道食譜，是不是又簡單又美味呢?

> **滿分的做法**
> ＊保留櫛瓜的外皮。
> ＊在烹煮前撒上鹽。

> **零分的做法**
> ＊烹煮前撒上胡椒粉。
> ＊烘烤後以疊放的方式擺放櫛瓜。

鮮羊奶乳酪佐糖漬番茄

一道充滿色彩與迥異口感的漂亮料理

這是一道非常棒的夏季前菜，一道真正的視覺饗宴。糖漬番茄的酸勁與新鮮羊奶乳酪的清爽口感相抗衡；番茄那扎實口感與鮮艷紅色，配上羊奶乳酪軟嫩的口感與白色，迸發出一場顏色與口感的幻化遊戲。你還可以搭配一些燒烤蔬菜，與這道餐點合成一道義式前菜。到乳酪店去買新鮮的羊奶乳酪吧！你在大賣場裡買到的那種羊奶乳酪哪兒比得上。

---

4 人份，備料時間：10 分鐘，烹煮時間：3 小時

食材：非常熟的**優質番茄** 12 顆，新鮮奧勒岡草 1 把（乾燥的奧勒岡草會有灰塵的餘味），拍扁的蒜瓣 2 瓣，細砂糖 1 茶匙，新鮮羊奶乳酪 80 公克，橄欖油 4 湯匙，海鹽、現磨胡椒粉

做法：
以 60℃ 預熱烤箱。

❶ 清洗番茄，切除果蒂，並將番茄切成 4 大塊，用一支湯匙或是手指挖除番茄籽，這是最方便簡單的做法。

❷ 在一只烤盤上先淋上適量橄欖油，再放入番茄，帶皮面朝下，並撒點兒鹽。

❸ 在番茄上撒奧勒岡草細末、拍扁的蒜瓣與細砂糖，再淋上些許橄欖油，送入烤箱烘烤 3 小時。

將烤盤從烤箱中取出，置於室溫下放涼。

當番茄已降溫，將番茄放置餐盤上，帶皮面朝下。在每個番茄瓣上放些許的新鮮羊奶乳酪。

再捲上一圈現磨胡椒粉，撒上鹽。上菜囉！這又是一道色彩繽紛的美麗夏季前菜……

當溫度已降，將糖漬番茄裝入密封罐中，倒入橄欖油進行油封，你的糖漬番茄食用效期將可長達數星期之久。

經典手法
＊以室溫溫度來呈現這道餐點。
＊終於可以在烹煮前加鹽了。

喔，失敗了
＊在烹煮前撒上胡椒粉。
＊保留番茄籽。

1 公斤的番茄　　　　　　0.9 公升的水

1 番茄籽沒有味道又充滿水分。在這道料理裡，我們需將番茄所含的水分給蒸發掉。

很多水分

水

2 用這種方式來擺放番茄，番茄裡的水分將會更容易蒸發。撒上鹽以加速蒸發作用。

3 以 60℃來烘烤番茄，水分將會緩緩蒸發，這是以低溫讓它變得乾燥的烹煮法。

0℃

低溫烘烤 60℃

油

4 油脂可以避免食材與空氣接觸而產生氧化作用，因此番茄可以擺放好幾個星期。

少有氧化作用

幾乎沒有水分

糖漬紅蔥頭佐野苣沙拉
極具層次的風味喔！

我超喜歡這道義式料理的，糖漬紅蔥頭會讓略帶胡椒味的芝麻菜帶點兒甜甜的口感，松子則會提供爽脆度，帕馬森乳酪反倒帶來圓潤的口感。已加上糖與辛香食材的酒醋在烹煮後將會變得濃稠，形成可以用來浸漬紅蔥頭且充滿香味的糖漿醬汁。這道菜的口感與味道兩者間的平衡真是令人難以置信，會在嘴裡真正爆發開來的！

4 人份，備料時間：10 分鐘，烹煮時間：2 小時 10 分鐘

食材：剝除皮膜並且保留小鬚根的中型紅蔥頭 8 顆，充分清洗乾淨的**野苣** 200 公克，以縱切的方式剖切為二的月桂葉 1 片，略帶單寧酸的紅酒 500cc，巴薩米克醋 100cc，細砂糖 2 茶匙，百里香 2 小株，松子 15 公克，帕馬森乳酪 1 小塊（約 30 公克），橄欖油、海鹽、現磨胡椒粉

做法：

❶ 在平底湯鍋中加入 2 湯匙橄欖油，以微火加熱，放入紅蔥頭，緩緩香煎 10 分鐘。

❷ 加入巴薩米克醋、紅酒、糖、百里香以及切成兩半的月桂葉。小心攪拌，蓋上鍋蓋，並讓鍋蓋留有小縫隙，好讓蒸氣可以略微跑出來，然後以非常非常微弱的火候烹煮 2 小時，以近乎微滾的狀態保持熱度即可。

❸ 這樣的做法主要是為了保持紅蔥頭的完整外觀與柔軟口感，並且留下略為甜甜的汁液，於室溫下放涼。

將紅蔥頭的小鬚根切除，然後再以縱向方向將紅蔥頭剖切兩半。稍微壓扁，好讓它有略微歪斜的形狀，看起來更漂亮，更能激發食慾。

❹ 用一只平底鍋以中火炒香松子，不要放入任何的油脂食材，炒香 3～4 分鐘。

將野苣放在盤子中，加入紅蔥頭、松子、2 匙的紅蔥頭烹煮醬汁以及些許的橄欖油。稍微攪拌一下，撒點兒鹽、胡椒粉，再撒上用刨刀現刨的帕馬森乳酪片。

好了，來，可以上桌囉！

須知事項
* 已經變質的松子會釋放一種苦味，會讓你在往後不管吃什麼東西，都會覺得嘴巴苦苦的。

完全需要禁用的方式
* 使用劣質紅酒來烹煮紅蔥頭。

烹煮時紅蔥頭將會融化解體：外層部分將會
略微散開，因此假如你可以保留小鬚根的
話，紅蔥頭的形狀會較為完整。

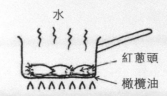

紅蔥頭裡的水分蒸發 = 紅蔥頭流汗

1 在烹煮過程中，紅蔥頭所含的些許水分將會蒸發，就像是某些廚師說的，紅蔥頭會冒汗，
會流失其水分，就像我們做運動一樣。但正因水分沒有味道，我們就可以擁有紅蔥頭最佳
的風味！

些許的味道

很多的味道

2 月桂葉的味道藏於葉子內部，而非表面，整片葉子聞起來香氣較弱，
但假如你用雙手將月桂葉揉一揉，那它的香氣就會變得非常濃郁。

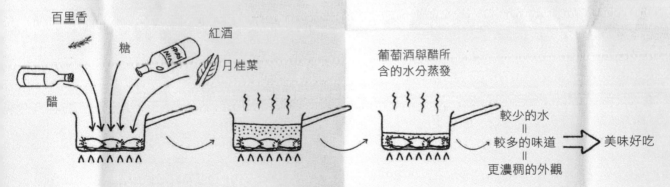

百里香　糖　紅酒　月桂葉　醋

葡萄酒與醋所
含的水分蒸發

較少的水
=
較多的味道　⟹　美味好吃
=
更濃稠的外觀

3 將醋與紅酒拌勻，再加一點點糖，可讓醬汁變得濃稠，
並且緩緩變成清爽的糖漿醬汁。醬汁所含的些許水分蒸發後，會留下最美的風味。

一點點的味道　　　　烘烤之後　　　　非常多的味道

4 這是為了讓它們增添些許的脆度與釋放出味道（說到底，還是我們那著名
的梅納反應啊！）

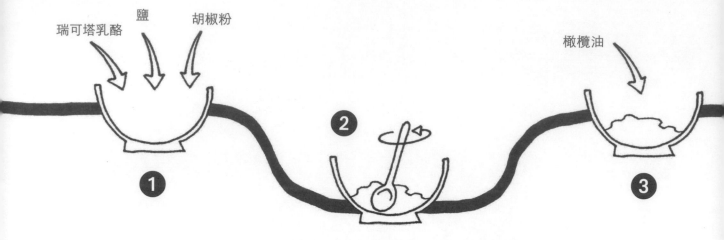

瑞可塔乳酪　鹽　胡椒粉　　　　　　　　　　橄欖油

瑞可塔乳酪佐菠菜苗
一場令人難以置信、口感多變、色彩繽紛的幻化遊戲

我非常喜歡這道料理，因為它混合著兩種充滿對立的口感以及兩種相互矛盾的風味。菠菜苗微酸的口味、爽脆的口感與瑞可塔乳酪清爽的奶味搭配得剛剛好，就顏色層面來說也不賴：深綠色搭配乳白色，真是再漂亮不過了。別忘了，在品嘗美食之前，我們要先大飽眼福啊……

4 人份，備料時間：5 分鐘

食材：充分洗乾淨的菠菜苗 4 小把，瑞可塔乳酪 50 公克，橄欖油 2 湯匙，海鹽、現磨胡椒粉

做法：

❶ 將 1 湯匙的瑞可塔乳酪、些許鹽與胡椒粉放入沙拉盆中。

❷ 充分拌勻。

❸ 緩緩倒入橄欖油。

❹ 攪拌。

❺ 放入菠菜苗。

❻ 將所有食材拌勻。

❼ 用一支小茶匙挖取剩下的瑞可塔

乳酪，一小撮一小撮的放入沙拉盆中。略為攪拌即可，讓整體呈現不規則，就可上桌了。

很難再找到更容易卻也同樣美味的做法了，不是嗎？

喔，對了！
＊千萬不要過分翻攪沙拉。
＊瑞可塔乳酪已略帶鹹味。

喔，千萬不要！
＊將沙拉事先拌勻。

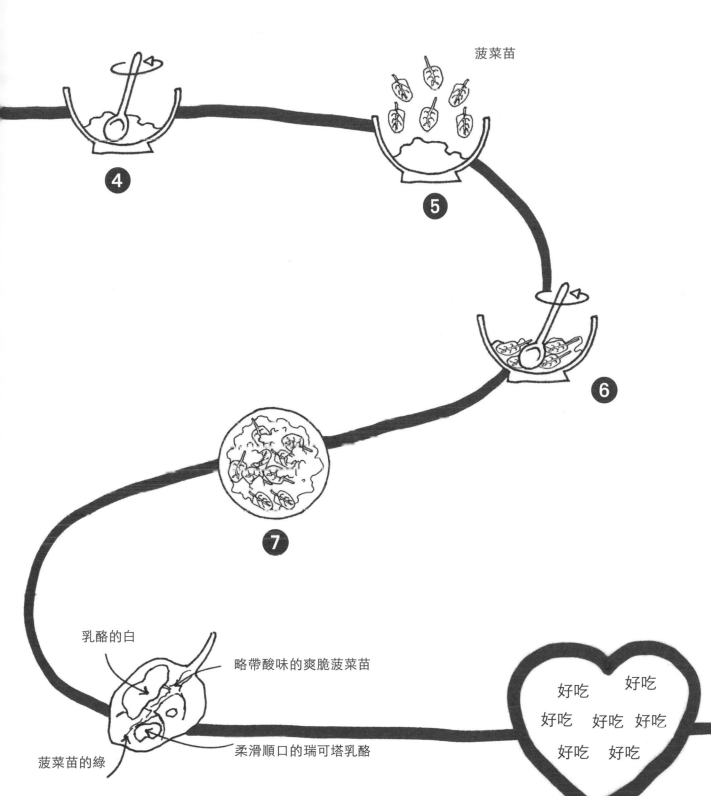

菠菜苗

④

⑤

⑥

⑦

乳酪的白

略帶酸味的爽脆菠菜苗

菠菜苗的綠

柔滑順口的瑞可塔乳酪

好吃　　好吃
好吃　好吃　好吃
好吃　　好吃

155

百里香蒜蘑菇乳酪餡餅
一道爽脆、入口即化的清爽料理

這道美味料理非常容易準備，可當作前菜用來挑起食慾，或是搭配烤肉、羊腿肉，更是再好不過了。真功夫在於將蘑菇烤得金黃上色，蘑菇將浸漬著菠菜的香味與醬汁的美味，你的嘴裡將會有新穎的綜合口感：略為爽脆卻入口即化，這可是真正的小確幸呢！

---

4 人份，備料時間：10 分鐘，烹煮時間：30 分鐘

食材： 盡可能挑最大朵的白洋菇 20 朵，清洗乾淨的菠菜苗 100 公克，除去蒜膜、磨成泥狀的蒜仁 2 瓣，切成細末狀的百里香 5 小株，檸檬汁半顆的量，現磨帕馬森乳酪 100 公克，橄欖油 4 湯匙，海鹽、現磨胡椒粉

做法：

去除蘑菇帶有土漬的部分，盡可能將菇腳切除至菇傘處，再將菇腳切成非常細的小丁狀。

❶ 以大火加熱一只平底鍋，放入 2 湯匙的橄欖油與蘑菇菇腳，略加點兒鹽。讓菇腳丁的每一個面都炒得金黃上色 5 分鐘。

❷ 取另一只平底鍋，將菠菜苗炒軟，加入 1 湯匙水，蓋上鍋蓋，烹煮 5 分鐘。當菠菜苗已煮熟，將菠菜苗倒入濾盆中加壓擰乾，盡量擠出菠菜上的水分。

在一只碗裡放入 2 湯匙的橄欖油、蒜泥、百里香末、檸檬汁與菇腳丁，充分攪拌。

❸ 以中火加熱一只大平底鍋，當鍋已熱，放入蘑菇菇傘，並且將傘面朝下，略撒點兒鹽。當蘑菇已金黃上色，略煎約 10 分鐘，即可翻面，另一面再

煎 5 分鐘。

以 180℃預熱烤箱。

把蘑菇放在一個大焗烤盤上，傘面朝下。放入烤箱中，以 180℃烘乾 10 分鐘。如此一來，有助於蘑菇吸收內餡的味道。

10 分鐘過後，將蘑菇從烤箱中取出。在每朵蘑菇上填入些許以橄欖油、蒜泥、百里香、檸檬汁以及蘑菇丁所做成的內餡，並且在上頭擺上數片煮熟的菠菜葉，撒上帕馬森乳酪。

❹ 再放回烤箱中烘烤 10 分鐘，只要讓帕馬森乳酪融化即可。撒點鹽，趁熱食用。

須知事項

＊蘑菇含有 90% 的水分。
＊因為鹽的作用，某部分的水分將會蒸發，而蘑菇變乾的部位將會吸收週遭食材的味道。

不該做的事

＊在蘑菇的烹煮過程中加水。
＊在烹煮結束之前撒上胡椒粉。

1 公斤蘑菇　0.9 公斤的水　= 90% 含水

1 鹽會吸收蘑菇部分水分，平底鍋的熱度更會強化蒸發作用。當我們香煎蘑菇時，等同進行能釋放風味的梅納反應。

鹽　水　水

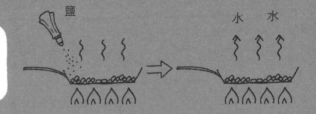

2 菠菜苗會釋出許多水分，假如我們把滿是水分的菠菜苗放到蘑菇上頭，那麼蘑菇將會變得濕答答。

水

3 同樣的小伎倆：鹽將會吸取蘑菇一部分水分。

鹽

水的蒸發作用

水

加熱過程中，水分會蒸發掉
＝
可釋放更多的味道

這裡香煎一下
（梅納反應）
＝
更多的味道

4 就在此時此刻，洋菇將會吸收內餡的味道。

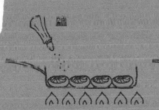

水分的蒸發

蘑菇變得略微乾燥

就是這個地方，變得乾燥，而且變得像是吸墨水紙一樣。

這個地方乾乾的，像是吸墨水紙一樣。

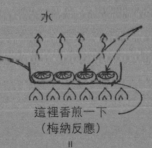

內餡

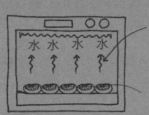

蘑菇乾燥的部位，將會吸收內餡的味道。
＝
如同吸墨水紙吸取墨汁一樣。

香煎馬鈴薯

擷取傳統經典大菜的精華做法

我同意你的想法，要做出一道香煎馬鈴薯哪還需要什麼食譜啊！為這道菜寫食譜，的確有點兒奇怪，因為人人都會做啊。是沒錯啦，但是……有時候做出來的成品總是有點油膩，或是馬鈴薯軟軟的，不是嗎？事實上，這道簡單料理是有訣竅的喔。現在，你終於能做出世界上最好吃的香煎馬鈴薯囉！

6 人份，備料時間：15 分鐘，烹煮時間：40 分鐘

食材：夏洛特品種或是黃皮長條（Ratte）馬鈴薯 1 公斤，**鵝油或是鴨油 2 湯匙**（若無上述油脂食材，選用澄清奶油亦可，但請避免使用植物油），去梗切成細末狀的**洋香菜 2 小株**（可有可無），**蒜瓣 1 瓣**（可有可無），**海鹽、現磨胡椒粉**

做法：

❶（假如你希望的話）可將馬鈴薯削皮，切成規則的厚塊狀，厚度約為 1.5 公分，不要超過。

❷ 將馬鈴薯放在流水下洗滌數次，並且用布完全拭乾。

❸ 取一只足以容納所有馬鈴薯的平底鍋，好讓馬鈴薯不會交疊擺放。在平底鍋中放入鵝油，以文火加熱，當鵝油已熱，放入馬鈴薯塊，這個階段，需有一些耐心，靜待馬鈴薯煎得金黃上色。

當馬鈴薯已上色再翻面，讓馬鈴薯的雙面均呈現金黃。總共香煎時間約需 35 ～ 40 分鐘，馬鈴薯才會熟。

你若喜歡，可在烹煮尾聲加入些許芹菜與大蒜。就個人來說，我會先放芹菜，2 分鐘之後再放大蒜，讓大蒜能夠稍微油炸一下就好。請注意，大蒜並不耐久煮，3 分鐘就足以讓它變黃且變苦。稍微煮一下就可以了！

❹ 要馬上趁熱食用，否則馬鈴薯的酥脆部分將會吸收外部濕氣，因而變軟。上桌前撒點兒鹽與胡椒粉，不要提早撒上喔！

非常非常棒的前置作業

* 選擇扎實的馬鈴薯（夏洛特品種或是黃皮長條品種）。
* 將切妥的馬鈴薯在水中清洗數次，並且充分拭乾。
* 將馬鈴薯切成大小規則塊狀。
* 使用鵝油或是鴨油煎煮（要比植物油適用多了）。

可改進的事項！

* 烹煮過程前或是烹煮中途，撒上鹽或胡椒粉。
* 馬鈴薯沒有清洗與拭乾就拿來香煎。
* 香煎過程中不斷翻動馬鈴薯。
* 沒有隨即將熱呼呼的香煎馬鈴薯端上桌。

這樣的大小煎起來比較快熟　　　較厚的馬鈴薯塊會比較慢熟。

 1.5 公分厚度

1 假如馬鈴薯的大小並不規則，就無法以相同的速度烹煮完畢。

水 + 澱粉 = 會黏黏的

1. 這樣就不再會黏了。
2. 這樣就可香煎酥脆了。

2 切開馬鈴薯時，刀面會有白色液體，這是水分與澱粉，澱粉會讓馬鈴薯黏鍋，水分則會讓馬鈴薯無法香煎出金黃酥脆的口感。

水　　水
蒸發的水
油
小酥皮層
油　　　油

3 在熱力的作用下，馬鈴薯塊表面會變乾，其所含的水分會被蒸發，因而形成一層小酥脆層，這正是在嘴裡產生酥脆感的外皮層，還可防止油脂進入馬鈴薯內部。假如我們很快或是太常翻面的話，這個小酥皮層將無法在馬鈴薯表面成形，馬鈴薯將因此吸飽油脂。

鹽
假如我們不等小酥皮層成形就翻面
沒有水氣蒸發
油脂就會進入內部
水水
鹽
水
油脂就會進入內部
沒有小酥皮層
馬鈴薯就會吃油

4 千萬千萬不要在烹煮過程中在馬鈴薯上撒鹽。你不是已經很清楚，在打翻的酒液上倒鹽，鹽會如何吸取液體嗎？一旦加了鹽，它將會吸收馬鈴薯週遭水分，吸至表面，而潮濕的表層將會阻礙小酥皮層成形。

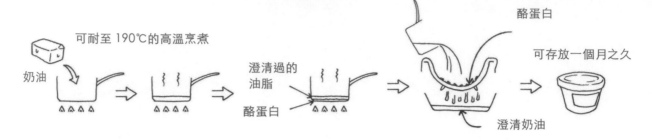

可耐至 190℃的高溫烹煮

奶油

澄清過的
油脂

酪蛋白

酪蛋白

可存放一個月之久

澄清奶油

1 在融化的過程中，奶油會在鍋底留下白白的一層物質，並且會冒泡，我們要抽離出來的正是水分和酪蛋白。如此步驟將做出在烹煮過程中不會變黑的澄清奶油。

2 此步驟的目的在於讓每個馬鈴薯塊都沾上些許的美味油脂。

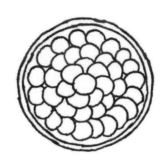

3 擺盤方式要像這樣擺出花的圖形。

濕氣被阻擋在裡頭

鋁箔紙

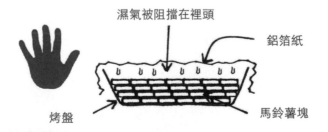

烤盤

馬鈴薯塊

4 鋁箔紙可留住馬鈴薯塊所蒸發出的水氣，讓馬鈴薯變得軟嫩。最後再掀開鋁箔紙烘烤，可讓上層馬鈴薯變得金黃酥脆，在嘴裡產生略微脆脆的口感。

安娜馬鈴薯料理

絕對入口即化！

說到這個，是保證好吃的啦！這道菜絕對美味，而且還會讓人在上菜前就迫不及待想要偷吃。你只要準備澄清奶油就行了，你將發現澄清奶油很容易做的。事實上，當我們抽離了奶油成分中的某部分蛋白質與水分，就可讓奶油更耐高溫。你甚至可以用它來取代酥炸油，大方地多做一些備用吧！因為這種澄清奶油要比新鮮奶油更耐久放。

---

6 人份，備料時間：10 分鐘，烹煮時間：1 小時 10 分鐘或 1 小時 30 分鐘

食材：夏洛特馬鈴薯 600 公克，澄清奶油 150 公克（本食譜有澄清奶油的製作方法喔），**現磨白胡椒粉、海鹽**

做法：

你可以使用單人份陶瓷碗來製作這道料理，只是料理時間會有所不同。我個人認為，用單人份陶瓷碗會比較漂亮。

要做出 150 公克的澄清奶油，必須在一只湯鍋上以極微火融化 200 公克的奶油。

❶ 當奶油已融化，將奶油緩緩倒入鋪在濾盆上的萬用紙巾或是布上，再取用濾過後的奶油。這種奶油可以加熱到 190℃ 都不會焦化。

以 160℃ 預熱烤箱。

清洗馬鈴薯並且削皮，切成 2～3 公釐厚度的圓薄片，好讓它們的烹煮時間相同。不要洗過頭了！

假如你使用的是單人份陶瓷碗，那麼最後可將馬鈴薯脫模在餐盤上；

若你用的是大烤盤，那麼就可直接上桌。

在您所選的烤盤上，塗上澄清奶油。

❷ 把馬鈴薯薄片擺入大沙拉盆中，淋入 2/3 的澄清奶油，充分拌勻。

❸ 為了讓您的菜色看起來漂亮，也讓您的馬鈴薯薄片可以撐得起來，請將馬鈴薯薄片疊放，擺出像花朵一樣的樣式。

淋上剩餘的澄清奶油，蓋上鋁箔紙。

使用單人份陶碗的做法：烘烤時間需要 40 分鐘，取下鋁箔紙後再繼續烘烤 20 分鐘。

❹ 若是使用大烤盤烘烤：烘烤時間 1 小時，取下鋁箔紙後，仍需續烤 20 分鐘。將刀尖插入烤盤中，以確定是否煮熟，刀尖必須能夠輕易插入。

直接將烤盤上桌囉，撒點兒鹽與白胡椒粉，就可大快朵頤了！

須知事項

＊澄清奶油可耐受 190℃ 高溫。
＊假如你使用白胡椒粉，就可不著痕跡提味，不像黑胡椒粉那樣醒目。

該丟棄的方法

＊所有沒有出現在這道食譜裡的方法都該丟棄不用！

馬鈴薯泥

全世界最美味的喔……

忘了員工餐廳所供應的真空包薯泥吧！它和真正的薯泥哪能比呀！真正的薯泥細緻美味、柔滑順口，但是注意喔，它還是有天敵的：水！假如你在烹煮馬鈴薯之前，就已經先切塊並且削皮，那麼馬鈴薯將會吸收水分，讓薯泥變得黏膩不爽口。尤其得避免去買那些號稱是薯泥專用的馬鈴薯，通常，這種馬鈴薯粉質重，而且沒有馬鈴薯味。學學米其林 3 星主廚侯布雄（Joël Robuchon），選用夏洛特品種或是長條形黃皮馬鈴薯吧。

---

6 人份，備料時間：10 分鐘，烹煮時間：30 分鐘

食材：夏洛特品種馬鈴薯或是黃皮長條型馬鈴薯 1 公斤，非常冰涼的奶油 250 公克，非常熱的全脂鮮奶 250cc，粗海鹽、海鹽、現磨白胡椒粉

做法：

❶ 以流水清洗馬鈴薯，放在已加了 2 湯匙粗海鹽的冷水裡，將水煮至沸騰後，再續煮 20～25 分鐘，將刀尖插入馬鈴薯中確認是否已煮熟，若已煮熟，應該很容易插入。

當馬鈴薯已煮熟，把馬鈴薯取出，待略為降溫後，再削皮。

把馬鈴薯放在蔬果研磨器中，用最細的研磨網磨成泥狀，以取得細緻的口感。

❷ 把馬鈴薯泥放在一只大湯鍋當中，以文火攪拌加熱 5 分鐘。

❸ 然後，再慢慢放入已切成小丁狀的冰涼奶油。

❹ 緩緩加入溫度極高的鮮奶，並且不斷攪拌，讓薯泥能夠完全地吸收鮮奶。

您可預先將薯泥備妥，若是預先準備，則不要把所有的奶油全加入，反而需要留一些些奶油在薯泥的上頭，奶油融化後，會形成一層阻絕空氣的薄層，避免薯泥變乾，並且形成薄薄的奶皮層。

假如你喜歡加點兒胡椒粉，那麼就使用白胡椒，讓薯泥整體看起來較為乾淨（黑胡椒在薯泥中看起來會像是小蟲子）。

太好吃了！

* 選用大小相同的馬鈴薯，好讓烹煮時間可以均勻一致。
* 將奶油拌入馬鈴薯時，奶油溫度必須非常冰冷，但是鮮奶卻須極熱。

超噁心的做法！

* 水煮之前，已先將馬鈴薯切塊或削皮，這真的是大錯誤啊！
* 用攪拌器將馬鈴薯打成泥狀，而非放入蔬果研磨機中加以研磨。天啊，這又是一大錯誤！

1 我們通常都會將馬鈴薯置於冷水烹煮，好讓熱度可以緩緩進到內部，可避免馬鈴薯外部烹煮的速度快於中心位置。

2 烹煮過程中會使薯泥變乾，馬鈴薯所含的部分水分將會蒸發，正因馬鈴薯泥的水分減少，所以變得更有味道！

3 假如奶油的冰涼度夠，當你要將奶油拌入薯泥時，就需要更多的時間來融化，如此一來，薯泥更具有黏著性。

4 保持熱度的鮮奶將可使奶油薯泥的溫度不會變冷。

麵粉 + 水 = 黏黏的膠水 = 黏黏的漿糊　水 = 黏黏的馬鈴薯塊

得禁止的前置作業： 在烹煮前先將馬鈴薯切塊。
當我們將麵粉與水調和時會產生黏黏的麵糊，那是麵粉中的澱粉與水結合，形成一種黏性。而馬鈴薯也充滿澱粉質，假如你在放入水裡烹煮前就已將它削皮或切片，那麼它將會吸取一部分的水分而變得極具黏性。
因此：水煮馬鈴薯時始終要帶皮，好讓皮層阻隔水分。

黑橄欖佐馬鈴薯碎塊

黃色中帶有香氣十足的小黑點

這道料理是來自於童年的菜色,略帶南法風情。好吃的關鍵在於將兩種全然不同的味道聚集在嘴裡:用叉子壓碎、保持塊狀口感的馬鈴薯,配上能在口中保持長時間嚼勁的黑橄欖碎片;黃澄澄的馬鈴薯塊與黝黑的橄欖皮,在視覺上更是超棒的絕配啊。

---

4 人份,備料時間:10 分鐘,烹煮時間:30 分鐘

食材:夏洛特馬鈴薯 600 公克(比較耐煮),去籽、特選優質的黑橄欖 80 公克,非常冰涼的奶油 25 公克,鮮奶 50cc(盡可能選用全脂鮮奶),**橄欖油、海鹽、現磨胡椒粉**

做法:

❶ 將馬鈴薯洗乾淨,不要削皮,也不要切塊。

將馬鈴薯放在裝滿冷水的大湯鍋裡,放入大量的鹽,以中火加熱,煮滾後續煮 25 分鐘,當刀尖可以輕易地插入馬鈴薯就算煮熟。

利用煮馬鈴薯的時間,將橄欖切至 2 ～ 3 公釐的小塊狀。

❷ 馬鈴薯煮熟後,瀝乾水分,略為放涼後削皮,再用叉子壓碎。

❸ 將壓碎的馬鈴薯放到湯鍋中,以文火加熱,略微燒乾馬鈴薯表面水分,翻炒乾燒 5 分鐘。

❹ 再加入切成小丁狀的冰涼奶油與 3 湯匙橄欖油,輕輕攪拌,不要讓馬鈴薯塊變成了泥狀。

加熱鮮奶,緩緩倒入馬鈴薯塊中,好讓馬鈴薯能夠充分吸收(你可將此馬鈴薯料理置於室溫下,上桌前再緩緩加熱)。

上桌前再加入橄欖片,撒點兒鹽與胡椒粉,小心拌勻……上桌囉!

非常棒的做法

＊馬鈴薯充滿澱粉,若與熱水混合,就會具有黏性。

需要捨棄的做法

＊烹煮之前,先將馬鈴薯去皮切塊。

1 馬鈴薯皮可以保護馬鈴薯，也可防止馬鈴薯在烹煮中吸收水分。

2 好吃的祕訣在於保留小塊狀，因此不要把馬鈴薯塊全壓散了。

水分蒸發＝馬鈴薯塊更柔滑順口

3 在蒸乾馬鈴薯的同時，你會讓馬鈴薯所含的些許水分蒸發掉。如此一來，馬鈴薯塊將會更加滑口，而且更具味道，因為它們的水含量變少了。

奶油

4 冰涼的奶油會需要更多的時間才會融化，因此有足夠的時間與馬鈴薯塊完美結合。

道地家常炸薯條
和孩子們一起分享喔

喔,薯條!假如做得好的話,炸薯條是不油膩的!我會說清楚講明白的,你也將會做出全世界最好吃的薯條:外脆內軟;當我們掌握了內行人的門道,一切就變得超簡單的啦。薯條需要炸兩次,第一次用 160℃ 的油溫,第二次回鍋則用 180℃ 油溫炸到金黃酥脆。

---

4 人份,備料時間:10 分鐘,烹煮時間:10 分鐘

食材: 夏洛特馬鈴薯 800 公克,葡萄籽油或花生油 3 公升,海鹽、現磨胡椒粉

做法:
削去馬鈴薯外皮,並且切成條狀。喔,薯條的厚度啊,要薄要厚,你高興就好。

❶ 用流水將薯條清洗乾淨,並用布將薯條充分拭乾。

❷ 將油溫加熱至 160℃。

❸ 假如你一股腦把所有的薯條丟到油中酥炸,那麼薯條將會使油溫降低,無法以正確的油溫烹煮。所以你應該只放入半量的薯條,讓薯條可以浸在熱油中,並且輕輕翻面。酥炸細薄薯條需時 4 ～ 5 分鐘,若略具厚度的薯條則需 6 ～ 7 分鐘。

油炸後用濾杓將薯條撈起,置於吸油紙巾上,去除多餘的油,再用同樣方法處理剩下的薯條。

將火候開至最大,加熱數分鐘,讓油開始略為冒煙,此時油溫應接近所需的 180℃,然後進行以下步驟:將薯條酥炸至金黃上色。將半量的薯條倒入油中,油炸出你喜歡的金黃酥脆。

然後將薯條放至吸油紙上,即可處裡另一半薯條,當另一半薯條也炸得金黃酥脆後,同樣置於吸油餐巾紙上,再集合所有的薯條一起端上桌。撒點兒鹽與胡椒粉喔。

上桌囉,孩子們可都等著呢!

很棒的做法
＊使用大量的油。
＊油炸前洗乾淨薯條,並且拭乾薯條水分。
＊分兩次油炸薯條。

大錯特錯的做法
＊使用橄欖油。
＊油溫不夠高。
＊油炸前已先在薯條上撒鹽。

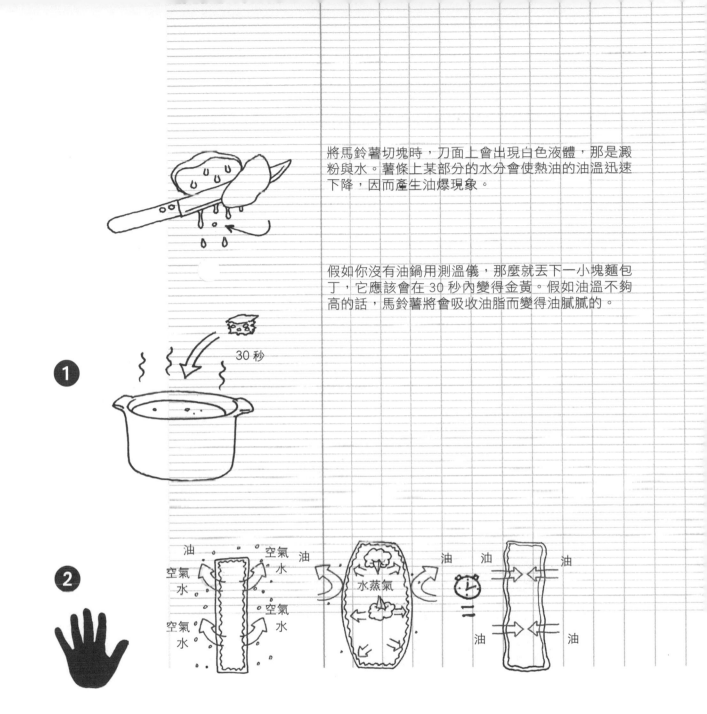

將馬鈴薯切塊時，刀面上會出現白色液體，那是澱粉與水。薯條上某部分的水分會使熱油的油溫迅速下降，因而產生油爆現象。

假如你沒有油鍋用測溫儀，那麼就丟下一小塊麵包丁，它應該會在 30 秒內變得金黃。假如油溫不夠高的話，馬鈴薯將會吸收油脂而變得油膩膩的。

就技術層面來說，薯條的烹飪過程是非常有趣的：
當薯條浸在熱油裡時，薯條表面上所含的水分將會轉成水蒸氣，並且往上竄，這也就是我們經常在烹煮過程中會看到冒出來的小泡泡。正也因為薯條表面不再有水，因此會形成薄薄的酥皮層。此時，薯條的中心部位也同時加熱，薯條中央的水分也會轉成水蒸氣，增加內部壓力，此壓力可將油脂往外逼，避免油脂進到薯條內部。

法式焗烤馬鈴薯
為一大群賓客所準備的經典料理

每個人都有一套料理法式焗烤的做法。某些傳統派人士説：「焗烤料理裡頭不該加乳酪的。」我其實非常同意他們的説法，加上乳酪，的確會讓焗烤風味變得有點兒不清爽，但是，你愛怎麼做就怎麼做啊，假如你喜歡乳酪的風味，那麼就在焗烤中央放上乳酪吧。不管怎麼樣，想要做出好吃的法式焗烤，就得讓馬鈴薯能夠緩緩吸附鮮奶油；這才是美味的祕訣！

---

6 人份，備料時間：10 分鐘，烹煮時間：2 小時 10 分鐘

食材：切成薄片狀的夏洛特品種或是黃皮長條型馬鈴薯 1.5 公斤，鮮奶 1 公升（盡可能使用全脂鮮奶），剝除蒜膜、切成兩半的蒜仁 1 瓣，現磨肉豆蔻仁粉 3 小撮，百里香 3 小株，鮮奶油 500cc，奶油 2 湯匙，海鹽、現磨胡椒粉

做法：
以 140℃預熱烤箱。

❶ 削去馬鈴薯外皮，並且切成 2～3 公釐厚度的薄片。

❷ 以中火加熱鮮奶，當鮮奶已熱，放入馬鈴薯片、1 湯匙的奶油、百里香、肉豆蔻仁粉 1 小撮以及些許的鹽，熬煮 10 分鐘。

以極微火加熱鮮奶油。

❸ 利用加熱鮮奶油的時間，取 1 瓣蒜仁塗抹焗烤盤，然後再用剩餘的奶油塗抹焗烤盤。

❹ 用一只撈杓將湯鍋中半數的馬鈴薯片撈起，將馬鈴薯片平擺入焗烤盤中（不含牛奶），再放入剩餘的小肉豆蔻仁粉、半量的鮮奶油，然後再放入剩餘的馬鈴薯片，始終不含鮮奶，最後再倒入剩餘的鮮奶油，稍微壓實後，放入烤箱烘烤 2 小時。

你會發現馬鈴薯焗烤將充滿著各種不同的香氣，而且萬分軟嫩，入口即化。

從烤箱取出後，撒點兒胡椒粉，就可將這道漂亮的法式焗烤上桌了……很簡單，不是嗎？

須知事項
＊法式焗烤需以非常微弱的溫度長時間烘烤。

絕對禁止的事項
＊以 140℃以上的溫度烘烤。

1 切塊大小不同，很不妙喔！　　　　　　　　　　　很棒

將馬鈴薯切成同樣的大小，即可適用同樣的烹煮時間。不洗馬鈴薯是因為馬鈴薯所含的澱粉將有助於烤出一個較有型的焗烤料理，大家都這麼説的啊。

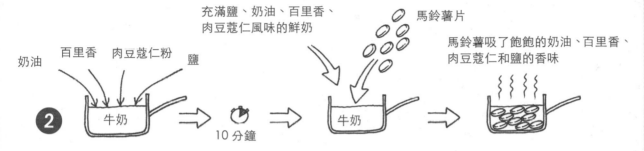

充滿鹽、奶油、百里香、肉豆蔻仁風味的鮮奶　　馬鈴薯片

奶油　百里香　肉豆蔻仁粉　鹽　　　　　　　馬鈴薯吸了飽飽的奶油、百里香、肉豆蔻仁和鹽的香味

2 牛奶 → 10分鐘 → 牛奶 →

馬鈴薯置於牛奶中烹煮，將吸收牛奶裡所有香料食材的味道。

3 用蒜仁一次又一次抹在烤盤上，讓烤盤產生香氣，而蒜仁的香氣隨後將增添焗烤料理的風味，好吃極了！

馬鈴薯充滿了蒜仁、奶油、百里香，肉豆蔻仁和鹽的味道。

馬鈴薯變得入口即化。

奶油　鮮奶油　百里香　肉豆蔻仁　鹽

4 用文火加熱，可讓馬鈴薯緩緩吸收些許鮮奶油，變得入口即化。

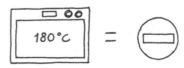

千萬不能用過高的溫度來烘烤焗烤料理，
否則鮮奶油中的水分將會蒸發，焗烤料理會變得乾乾的。

蛋與乳酪

蛋，真的是太出色的食材了！在廚房裡隨時都能派上用場，不管是要做慕斯料理、舒芙蕾、醬汁、冰淇淋、或是甜點⋯⋯

而且，夠有趣的是：蛋白，事實上是黃色的，而蛋黃，是橘紅色的⋯⋯

蛋的種類繁多：雞蛋、鵪鶉蛋、鴨蛋、鵝蛋，甚至鴕鳥蛋、珠雞蛋或是野雞蛋⋯⋯通常，我們多是使用雞蛋，因此本書的料理食材就侷限於雞蛋吧。

蛋，有各種不同的顏色。傳統來說，是亮粉紅色或是白色的蛋，但卻也有巧克力色（馬朗母雞marans 所產）或是藍殼蛋（阿羅卡納araucana 母雞所產），蛋殼的顏色並不會改變味道，因此，就挑選自己喜歡的顏色吧！

請注意：蛋須放置室溫下保存。天然的狀態是最棒的，因為蛋殼是有氣孔的，這些氣孔是專門用來抵抗微生物的入侵。當你把蛋放入冰箱，這道阻隔系統效能將會下降，細菌就會開始孳生。

廚房裡使用的蛋，一般來說，都不是受精卵，因此必須在生產後 28 天內食用完畢。亞洲廚房裡，有一種受精卵蛋，還有另一種放在石灰、米糠與灰土混合物中，可存放好幾個星期或是好幾個月的蛋，人們稱之為「百年皮蛋」。

在歐洲，蛋殼上一定得印上一個代碼，此代碼的第一個了是一個數字，這個數字意義非凡，因為它代表著下蛋母雞的飼養模式。在選購雞蛋前，請看清楚這個代碼。我曾經在某些超市裡，看到某些蛋號稱是農場飼養雞的雞蛋，但事實上，它上頭的代碼卻是雞籠飼養雞的代碼！建議選擇數字為 0 或 1 的雞蛋。

0 有機飼養母雞所產的雞蛋
1 戶外放養雞所產的雞蛋
2 生長過程中仍能接觸到土地的母雞所生的雞蛋（儘管是被關在一棟建築物中）
3 被關在雞籠裡的母雞所生的雞蛋

請注意你所購買的雞蛋，雞蛋愈新鮮，口感就愈好。「超級新鮮」的雞蛋，是 9 天前產下的雞蛋。超過 9 天，僅能列屬於「新鮮」等級。蛋上頭很少不標示任何食用期限，只要把蛋放在一杯水中，就可以測出它的新鮮度。雞蛋愈往下沉，就愈新鮮，假如它漂浮著，那就把這顆雞蛋丟了吧，它已經不是顆好蛋了。事實上，雞蛋上頭所存在的小氣室會隨著時間變大，當它足以讓雞蛋漂浮，顯然蛋已不新鮮了。

蛋白與蛋黃開始變熟的溫度並不相同。蛋白會在 62℃ 開始凝結，而蛋黃四周的厚蛋白則凝固於 64℃，至於蛋黃，則是 68℃。假如水煮蛋的蛋黃四周泛著淡綠色，那表示這顆蛋煮過頭了。

你可以跟孩子們一起進行一個非常有趣的實驗：把一顆蛋放在一杯酒醋中（透明酒醋）浸泡 2 天，醋將會溶解蛋殼，最後只剩下裹著蛋膜的雞蛋，你將可以藉由蛋白的透明度看到蛋黃。

還有另一個實驗也可以試試看：把一顆蛋打進一個杯子中，把杯子放進冷凍庫，冷凍 24 小時後再把蛋解凍，你將會發現蛋黃已經凝結了。

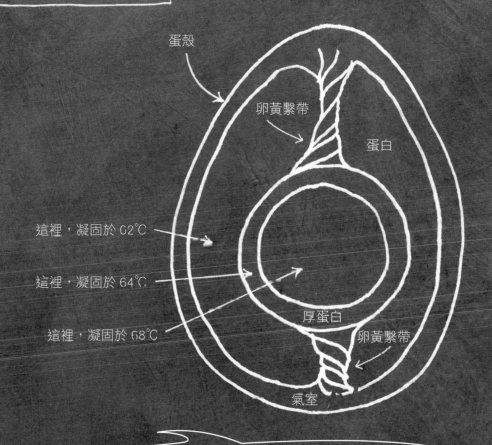

蛋殼

卵黃繫帶

蛋白

這裡，凝固於 62℃

這裡，凝固於 64℃

這裡，凝固於 68℃

厚蛋白

卵黃繫帶

氣室

蛋的成分 90% 以上是水，
因此強烈建議使用溫和的低溫方式烹煮。

溏心蛋

超棒的一道料理！

你可能會問：「哪需要為溏心蛋寫食譜啊？」那是因為很少人知道該如何做出一道好吃的溏心蛋呀，而且某些食譜還真是寫得亂七八糟，什麼把蛋放在冷水裡、放在熱水裡、加點兒鹽可避免蛋殼裂開……事實上，基礎的化學概念就可以讓你對這些做法了解得更透徹，並且把這些真的過時已久的傳統招式丟到一邊了。

---

1 人份，備料時間：1 分鐘，烹煮時間：3 分半鐘

食材：儘可能選用最新鮮的**有機雞蛋** 2 顆，烤麵包些許，奶油些許，海鹽、現磨白胡椒粉

做法：

在一大湯鍋的水中加入 1 大匙鹽加熱。

在水尚未煮滾前，當你看到已有些許小泡泡開始浮上水面，此時的水溫大概介於 80 ～ 85℃之間。這是煮溏心蛋的理想溫度。用 1 支大湯匙將蛋小心翼翼放入水中，避免碰撞產生脆裂。

中型蛋大概需時 3 分半鐘，大型蛋需時 4 分鐘。

你可以利用煮蛋空檔來烤麵包，當麵包已烤得金黃酥脆，在表面上略塗一層奶油。

當蛋已煮熟，將蛋放在溏心蛋杯架上，把蛋上方切開，撒點兒鹽與些許胡椒粉，再擺上 1 小球奶油。

用餐愉快！

須知事項

* 購買有機雞蛋（蛋殼上數字為 0），或是戶外放養雞所產的雞蛋（編號 1 號）。
* 我們若以低於沸騰的水溫來烹煮雞蛋的話，蛋殼是不會裂開的。

該忘記的招式

* 把蛋從冰箱取出後馬上烹煮。
* 把蛋放在冷水中烹煮。
* 把蛋放入滾水中烹煮。

煮溏心蛋的祕訣：以低於滾水的溫度烹煮。
就是這樣，這是化學變化！

我在水中放鹽，是為了讓蛋在烹煮過程中不會裂開，因為鹽可以強化蛋殼。

錯：鹽並沒有辦法強化蛋殼，它反而會穿透蛋殼，進到蛋白當中，把蛋白撐起。

我加入些許的醋，以避免蛋殼破裂。

不完全正確：因為醋無法避免蛋殼破裂，它只是可以凝結跑出蛋殼外的蛋白。

我用滾水煮蛋。

很可惜：以滾水煮蛋，蛋白中的部分水分將會穿透蛋殼而蒸發，如此一來，蛋會變得乾澀，有如橡皮一般。

我把蛋放在冷水中一起煮，當水滾之後，就煮好了。

你想得美：這一切還得取決於水容量與熱度，這個方法完全不精確。

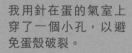

我用針在蛋的氣室上穿了一個小孔，以避免蛋殼破裂。

這是完全沒有用的，因為並非氣室中所含的空氣在蒸煮時增加了體積，撐破了蛋殼，而是因為蛋在滾水中晃動，碰撞鍋壁，才使蛋殼破裂的。

如何煮出完美的水煮蛋

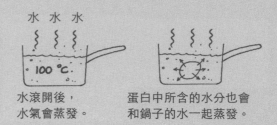

水滾開後，
水氣會蒸發。

蛋白中所含的水分也會
和鍋子的水一起蒸發。

1 蛋白裡 90% 是水，當你將蛋放入滾水中烹煮，那麼一部分的水分將會蒸發掉，你就會煮出像橡皮一樣的蛋白。

鹽滲入蛋白

2 蛋殼是有孔隙的，當你在水裡加鹽時，會讓些許鹽進入蛋白中，因此蛋白更有味道。

3 蛋黃會在蛋白中漂浮著，是因為蛋黃的密度較小，它會因為卵黃繫帶而維持定位，但不會剛好處於正中央的位置。當我們輕輕地滾動雞蛋時，蛋黃就會定位在正中央的位置了。

卵黃繫帶

在蛋白中漂
浮著的蛋黃

卵黃繫帶

蛋黃
蛋白

居中的蛋黃

4 蛋殼略有裂縫時，可讓部分冷水進入，可藉此降低蛋的溫度，並且讓雞蛋與蛋殼間有點兒空隙，更好剝殼。

水經由蛋殼裂縫進入，
在蛋白與蛋殼間形成分
隔空間。

非常重要的技巧

雞蛋之所以不會破，是因為本身所含的氣泡增加了體積。但光是在滾水中搖晃，碰撞湯鍋鍋壁，終究還是會使蛋殼抵擋不住撞擊而裂開來。因此，若以 80 ～ 85℃ 來烹煮，蛋將不會晃動，也不至於裂開。

美乃滋水煮蛋

全世界最好吃的水煮蛋

我曾聽過有人這麼跟我說：「關於這道料理，太容易了啊，只要用滾水煮 10 分鐘就行了！」但是，在試驗之後，我發現根本就不是這麼一回事。該怎麼做，才能讓蛋黃位處於蛋白的正中央，並且不會煮出有如橡膠般口感的蛋白以及像沙粒般粗糙的蛋黃呢？你知道，蛋白的凝固熱度在 62℃，而蛋黃凝固於 68℃ 嗎？其實這並不複雜，只是有些祕訣需要了解，才有辦法做出全世界最好吃的美乃滋水煮蛋。對了，真正的美乃滋是不加黃芥末的，加了黃芥末就成了芥末醬了，怎麼會是美乃滋呢！

2 人份，備料時間：1 分鐘，烹煮時間：10 分鐘

食材：儘可能選用最新鮮的**有機雞蛋 4 顆**，海鹽、現磨白胡椒粉

做法：

❶ 加熱一湯鍋的水，直到些許的小小泡冒至水面，這時水溫約在 80～85℃。

❷ 加入 1 茶匙的鹽。

❸ 讓你的蛋在工作檯面上略為滾動，再把蛋放入熱湯鍋中煮 10 分鐘，煮蛋時小心輕輕翻動蛋，好讓蛋黃保持在正中央的位置。

❹ 10 分鐘後，將蛋輕敲工作檯面，好讓蛋殼略為裂開，然後放入冰水中。

如此一來，全世界最好吃的水煮蛋就誕生了，只要再用蛋黃、油、鹽以及白胡椒粉拌打出真正的美乃滋醬就行了。記得，不加黃芥末喔！

高手的做法

＊在煮蛋水中加入鹽。
＊在烹煮過程中翻動雞蛋。
＊烹煮後，輕輕敲裂蛋殼，把蛋放入冰水中。

笨蛋的做法

＊用滾水烹煮雞蛋，或是烹煮時間超過 10 分鐘。

細洋香蔥炒蛋

軟嫩順口啊

你吃過多少次結塊、乾硬的炒蛋？你知道主廚審核學徒功力時，是要求他們去做炒蛋料理嗎？這是個很棒的審核方式。是沒錯啦，只要把蛋打入鍋裡，然後攪一攪，就熟啦。不過，該用什麼溫度烹煮呢？需要用湯匙還是打蛋器來攪拌呢？需不需要奶油？現在，就給你技術層面上的解釋，好讓你做出完美的炒蛋。將你的炒蛋放在煎得金黃上色的吐司片上，呈現出迥然不同的對立口感：有著蛋的軟嫩與麵包的酥脆，細緻度與美味兩者俱全。

---

2 人份，備料時間：2 分鐘，烹煮時間：15 分鐘

食材：儘可能選用最新鮮的**有機雞蛋 4 顆**，切成細末狀的**細洋香蔥 4 小株**，奶油 1 湯匙，濃郁鮮奶油 1 湯匙，吐司片 4 片，海鹽、現磨白胡椒粉

做法：

假如你無法完美掌握烹飪的溫度，那麼就用隔水加熱的方式來煮炒蛋吧！你將可以確保湯鍋不會過熱；假如你喜歡的話，就用這個方式吧！

取一只大湯鍋以中火熱水，直到看到幾個泡泡浮上水面，此時溫度約為 80 ～ 85℃，這個溫度是完美的！

在此湯鍋中放入一只更小的湯鍋，在小湯鍋裡放入一湯匙奶油，讓奶油緩緩融化。當奶油融化時，把小湯鍋取出，略微搖鍋，好讓奶油可以覆蓋住整個湯鍋的鍋面，然後再把小湯鍋放回熱水大鍋中。

❶ 將蛋打入，再加入一湯匙的水。

❷ 隨即攪拌，直到炒蛋完成。

❸ 別忘了要從鍋底與鍋緣翻炒。

❹ 這時候就要有點兒耐心，持續小心翻炒。當你看到炒蛋已略微成型，再加入鮮奶油，繼續翻炒 1 ～ 2 分鐘，撒點兒鹽與胡椒粉。

蛋炒好後，將吐司麵包雙面香煎得金黃上色。

在盤子裡擺上兩片吐司，再擺上炒蛋，撒點兒細洋香蔥末。

說到底，一道好吃的細洋香蔥炒蛋做起來也不是挺麻煩的。

經典做法

* 蛋黃凝固於 68℃，蛋白凝固於 62℃。
* 好吃的細洋香蔥炒蛋需要花上 10 幾分鐘來處理。
* 細洋香蔥末可以帶來清爽的香氣。

丟臉的做法

* 以大火炒蛋。
* 用黑胡椒粉。

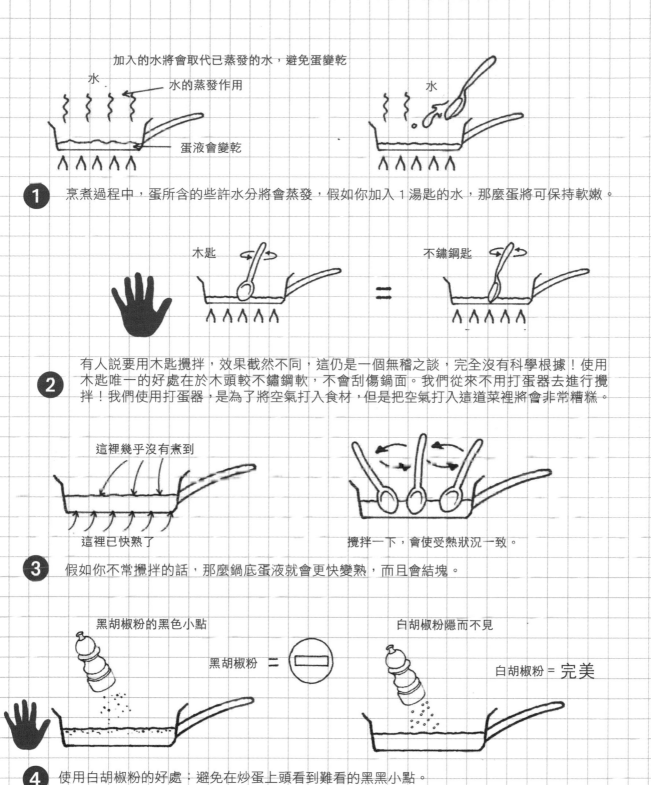

加入的水將會取代已蒸發的水，避免蛋變乾

水

水的蒸發作用

蛋液會變乾

水

1 烹煮過程中，蛋所含的些許水分將會蒸發，假如你加入 1 湯匙的水，那麼蛋將可保持軟嫩。

木匙

不鏽鋼匙

＝

2 有人說要用木匙攪拌，效果截然不同，這仍是一個無稽之談，完全沒有科學根據！使用木匙唯一的好處在於木頭較不鏽鋼軟，不會刮傷鍋面。我們從來不用打蛋器去進行攪拌！我們使用打蛋器，是為了將空氣打入食材，但是把空氣打入這道菜裡將會非常糟糕。

這裡幾乎沒有煮到

這裡已快熟了

攪拌一下，會使受熱狀況一致。

3 假如你不常攪拌的話，那麼鍋底蛋液就會更快變熟，而且會結塊。

黑胡椒粉的黑色小點

白胡椒粉隱而不見

黑胡椒粉 ＝

白胡椒粉 ＝ 完美

4 使用白胡椒粉的好處：避免在炒蛋上頭看到難看的黑黑小點。

菠菜焗烤蛋

要做出完美的焗烤蛋，一點兒也不難！

製作焗烤蛋的真正祕訣，是以剛好可讓蛋凝固的低溫來加以烹煮。過程需要緩緩進行！120℃的溫度是最完美的，超過這個溫度，浮在蛋白上頭的蛋黃將會過快煮熟，會變得乾乾的。你將會發現，依照我們的建議煮出來的焗烤蛋是非常美味的……忘掉那套把蛋放在烤箱裡，用 160℃ 以隔水加熱的方式來烹煮的傳統做法吧！那真的是非常愚蠢的做法，因為水再怎麼加熱都不會超過 100℃……對啦！

---

2 人份，備料時間：5 分鐘，烹煮時間：15 分鐘

食材：儘可能選用最新鮮的有**機雞蛋 4 顆**，去梗清洗乾淨的菠菜 1 小把，現磨用塊狀的新鮮**帕馬森乳酪半茶匙**，奶油 1 小球，海鹽、現磨白胡椒粉

做法：

❶ 將小陶瓷碗放入烤箱中，以 120℃ 預熱。

❷ 在平底鍋中放入些許奶油加熱，再放入菠菜，以大火烹煮 2～3 分鐘。將菠菜取出，放在濾盆上，擠出多餘的水分，因為在烹煮過程中，菠菜會釋出許多水分。

用奶油略微塗抹 4 個熱小陶瓷碗內部，小心別燙到了。

❸ 在小陶瓷碗底部放入充分擠乾水分後的菠菜，再略微撒上鹽，擺上些許現磨帕馬森乳酪粉。

❹ 再緩緩打入一顆蛋，蓋上鋁箔紙，送入烤箱烘烤 15 分鐘。

將小陶瓷碗從烤箱中取出，隨即上桌食用，因為蛋仍會在熱小陶瓷碗中繼續烹煮。

若想讓每個人都可以吃到兩顆完美的菠菜焗烤蛋，祕訣在於先將一半的分量送入烤箱中烘烤，5 分鐘之後再送入第二批。當賓客開始品嚐第一碗時，第二批也逐漸烤熟了。當第一批吃完，就可接著上第二份了。

完全正確的做法

＊將鹽撒在小陶瓷碗底部，而不是直接撒在蛋上。
＊蛋白會在 62℃ 凝固，蛋黃附近的蛋白則是 64℃，蛋黃則會在 68℃ 凝固。很精確，不是嗎！

完全錯誤的概念

＊在蛋上直接撒上鹽，並使用黑胡椒粉。
＊放入 160℃ 的烤箱中，以隔水加熱的方式烘烤。
＊沒有用鋁箔紙覆蓋小陶瓷碗。

1 和小陶瓷烤碗接觸的蛋白，將會
比位於上層沒有接觸烤碗的蛋黃
更快開始進行烹煮。

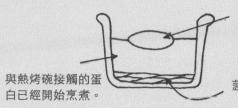

與熱烤碗接觸的蛋
白已經開始烹煮。

沒有接觸到熱烤碗的
蛋黃卻還沒有烹煮！
對對對……

菠菜

2 擰乾菠菜，將可避免菠菜將
水分釋放在陶瓷烤碗裡。

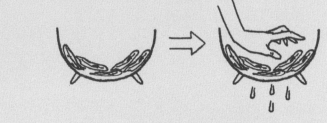

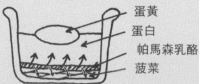

蛋黃
蛋白
帕馬森乳酪
菠菜

3 帕馬森乳酪將可增添蛋白的
香氣，並且緩緩地融化在菠
菜上頭。

4 鋁箔紙將保留下蛋中水分
所蒸發出來的濕度。

有些傳統根本不可信！

此處的烹煮溫度是 160℃

此處的烹煮溫度是 120℃

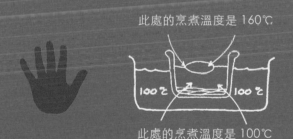

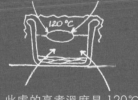

此處的烹煮溫度是 100℃

此處的烹煮溫度是 120℃

人們通常都說，焗烤蛋必須放在 160℃ 烤箱中以隔水加熱方式加以烘烤，這是完全沒有邏輯的
說法！水的加熱溫度不會超過 100℃，因此，置於水中的烤碗也只會以 100℃ 加熱，但烤碗上
方的加熱溫度卻是 160℃，蛋黃漂浮在蛋白上頭，因此蛋黃的烹煮溫度鐵定過高。

隔水加熱法是一個很古老的習慣，源自於人們尚無法精確控溫的時代，因為那時候的烤爐是以
木頭燒烤的。當時的人們已知道用隔水加熱的方式來料理焗烤蛋，溫度才不會超過 100℃。

班尼迪克蛋

成功做出一道完美的早午餐料理

這道料理是我與未婚妻在星期天早上喜歡玩的一個小遊戲，尤其當我們睡到日上三竿才起床的時候……我知道她成天想著這道蛋料理，於是我總愛耍些小技倆吊吊她的胃口：先跟她提議早餐吃點兒沙拉，我當然知道她會拒絕。再等半小時後，我再提出另外一個建議，她還是拒絕了。再過半個小時，我祭出致命武器！也就是她夢寐以求的……我以吞吞吐吐的口吻，透過門縫，用一種無辜的眼神説著：「那麼，吃班尼迪克蛋囉？」她就會像個瘋子一樣，到處大喊大跳説著：「好，好，好！」真是容易討好，不是嗎？

---

2 人份，備料時間：10 分鐘，烹煮時間：10 分鐘

食材：儘可能選用最新鮮的**有機雞蛋 4 顆 + 蛋黃 1 顆，煙燻培根 4 片**，切成塊狀的**冰涼奶油 125 公克，檸檬汁 3 ～ 4 滴，白醋 100cc，烤吐司麵包 4 片**（具漂亮外型的圓形），**現磨白胡椒粉**

做法：

要做這道料理得事先安排一下，因為所有的一切必須同時準備妥當，但是真的不麻煩。

❶ 首先，在一只高達 5 公分的大炒鍋裡加入水與白酒醋，開火加熱，用以煨煮蛋。

利用熱水的空檔，把煙燻培根放入平底鍋中，但請先不要加熱，開始準備調製荷蘭醬。一邊調製醬汁，一邊香煎煙燻培根，2 分鐘後，再把蛋放入水裡，啟動烤箱上層烤架烘烤模式，如此一來，所有的一切就可同時完成。

❷ 荷蘭醬的調製方式：用一只大湯鍋熱水，直到些微蒸氣釋出。但是不要把水煮到微滾，大概維持 70 ～ 80℃即可。

然後再把另一只更小的湯鍋放進大鍋裡頭，在小湯鍋裡放入蛋黃與 1 茶匙水，充分拌打不要停止。當蛋黃開始變得濃稠，就可加入第 1 小

坨的奶油，但仍需持續拌打，直到蛋黃完全吸收奶油，持續這樣的方法，不斷慢慢加入奶油，以拌打美乃滋的方式來調製拌打荷蘭醬，加入檸檬汁後，再拌打 1 次。熄火後仍須經常攪動荷蘭醬，讓荷蘭醬保持溫溫的溫度。

煮蛋之前，先用中火將煙燻培根煎得金黃上色。大約煎 4 分鐘後翻面。當兩面都變得金黃酥脆時，就可離鍋，將培根放在吸油紙巾上，吸出多餘油脂。

❸ 煨煮蛋有一個小祕訣：當水一開始滾的時候，先將整顆蛋浸入滾水中 20 秒鐘，然後馬上取出，此時的蛋白已開始略微凝結。熄掉大炒鍋下的爐火，這一點非常重要。

然後把蛋打入一只陶瓷杯中，將陶瓷杯浸入炒鍋水中半高的位置，再緩緩將蛋倒入水中，以避免蛋四散。

❹ 用同樣的方法處理其它顆蛋。大概需要 4 分半的烹煮時間。當你看

到蛋白已煮熟，就可用濾杓將蛋撈起，放在餐巾紙上吸除多餘水分。用刀子將蛋白邊緣略作切除修飾，好讓整顆蛋看起來更加美觀。

準備烤吐司：將吐司片兩面略微煎得金黃上色。

擺盤上菜了：在每個盤子上擺兩片烤吐司。在每片烤吐司上放一片培根肉，再把煨煮蛋放在最上頭，最後淋上荷蘭醬，撒上些許白胡椒粉就可上桌了。

擺出一副大廚的姿態上菜吧，你真的是名副其實的大廚啦。

美味的做法
＊醋可讓蛋在水中凝結。
＊以低於滾水的溫度來煨煮蛋。

很可惜的做法
＊用滾水或微滾的水溫來煮蛋。
＊用過高水溫來調製荷蘭醬：荷蘭醬是會變質的。

在詳述其他事情之前先來個小提醒：蛋白會在 62℃ 凝結，而蛋黃則在 68℃，因此並不需要微滾的水溫，否則將成大忌。

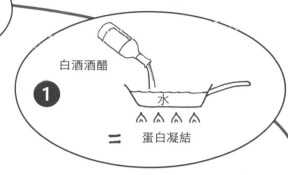
白酒酒醋

① 水
＝ 蛋白凝結

酒醋會使蛋凝結，並可避免蛋白散開來。

② 70～80℃ → 蛋黃　水 70～80℃

假如你用過熱的水溫調製荷蘭醬，那麼蛋黃將會凝結，會從奶油中分離出來。若真產生油水分離的現象，只要加入 1 茶匙水，再充分拌勻即可。

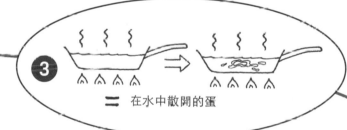
③ ＝ 在水中散開的蛋

以滾水或是微滾的水來煮蛋，蛋會散開來，是因為高溫的滾動水流會讓蛋有所碰撞。但是若以我們所建議的溫度，蛋將可靜靜地完美進行烹煮。

蛋白凝結

④
＝ 完美
大功告成了

當蛋黃四周的蛋白都已凝結，就代表蛋已經煮好了。

你可將煨煮蛋置於 50℃ 的水中十幾分鐘藉此保溫，在這樣的溫度下，烹煮作用是不會持續進行的。

+ = 太好吃了！

牛肝蕈菇茶碗蒸
日式料理

這道料理的基本概念是日式的。本食譜是簡化後的版本，但是非常好用。我們在蛋裡頭加入雞高湯、牛肝蕈菇、檸檬皮細末與細葉芹菜葉，用蒸煮方式做出蒸蛋。這是一種很清爽的奶酪質地，一道非常細緻的餐點，在日本是用來當作前菜的。不過，烹煮這道餐點倒是得備有蒸籠才行。

---

2 人份，備料時間：5 分鐘，烹煮時間：15 分鐘

食材：儘可能選用最新鮮的**有機雞蛋** 4 顆，現熬或冷凍**雞高湯** 300cc（切勿使用高湯塊調製），新鮮**牛肝蕈菇** 50 公克，**檸檬皮** 4 片，**細葉芹菜葉** 12 片，**橄欖油** 1 湯匙，**海鹽、現磨白胡椒粉**

做法：

❶ 把蛋打入一只大碗裡，加入雞高湯，充分拌勻，好讓蛋汁的顏色均勻。靜置數分鐘。

❷ 用一把刷子或一塊布將牛肝蕈菇拭乾，再用刀尖剔除菇腳帶土的部分。

❸ 將牛肝蕈菇切成 0.5 公分厚度的小塊狀，以大火加熱已放入橄欖油的平底鍋，將牛肝蕈菇放入，每邊香煎上色 3 分鐘。當牛肝蕈菇已金黃上色，從平底鍋中取出。

用一只湯鍋裝滿水，在上頭放上蒸籠，加熱至微滾火候。

取 4 個瓷碗，將牛肝蕈菇平均分配放入碗的底部，再倒入蛋汁，然後漂亮擺上 3 片細葉芹菜葉片，再輕輕擺上一片檸檬皮。

❹ 將瓷碗擺入蒸籠中，蓋上鍋蓋，蒸煮 8 ～ 10 分鐘。若要確定是否煮熟，需看蒸蛋是否已經略微成型，呈現有如奶酪軟軟彈彈的樣子。

用湯匙好好享用吧！

> ### 滿分的做法
> ＊蛋汁緩緩凝固成蒸蛋的樣子。
> ＊上菜時，蒸蛋在瓷碗中仍會略微晃動。

> ### 零分的做法
> ＊把蛋煮過頭了。

小氣泡　小氣泡　20分鐘　小氣泡不見了

1 在攪拌的過程中你將會打入些許空氣，此時蛋液上頭會出現一些泡泡。待你靜置後，這些泡泡將會爆開來，然後不見，你將可做出更為軟綿順口的蒸蛋。

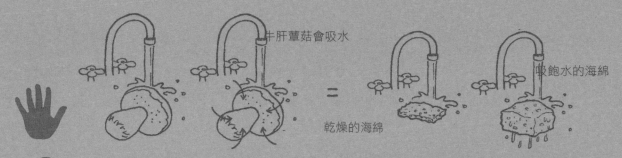

牛肝蕈菇會吸水　吸飽水的海綿
乾燥的海綿

2 我們從來不會以流水來清洗牛肝蕈菇，因為它會吸收部分的水分，就像一塊海綿一樣。

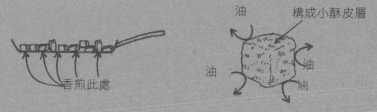

油　構成小酥皮層
油　油　油
香煎此處

3 香煎牛肝蕈菇的表面時所構成的小酥皮層，可避免油脂進入。因此，先把牛肝蕈菇煎得金黃酥脆再翻面吧。

像奶酪一樣晃動

4 蛋凝固的程度就像是溏心蛋一樣，會出現像奶酪一樣的清爽質地……

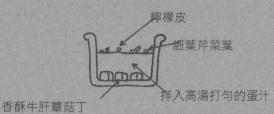

檸檬皮
細葉芹菜葉
香酥牛肝蕈菇丁　拌入高湯打勻的蛋汁

5 瞧瞧這張剖面圖，看起來不是很漂亮嗎？

乳酪蛋酥餅
既清爽又酥脆

當我想要討好我的未婚妻或者是我媽媽時，我就會幫她們準備這道略微外酥內軟的乳酪小圓酥餅。這道單純的美味真的非常容易製作，試試看用溫溫的溫度上菜，將更具風味。

---

6 人份，備料時間：10 分鐘，烹煮時間：30 分鐘

食材：儘可能選用最新鮮的有機雞蛋 3 大顆 + 蛋黃 1 顆，現刨的康德乳酪（comté）40 公克，奶油 90 公克，麵粉 90 公克，海鹽、現磨白胡椒粉

做法：
以 200℃ 預熱烤箱。

❶ 在一只湯鍋中加入 200cc 水與奶油，開火加熱。當水煮開時，把鍋子從爐火上取下，一股腦兒把所有的麵粉放入，用力攪拌。

❷ 把湯鍋放回火上，以文火加熱攪拌 1 分鐘，再將 3 顆蛋一顆一顆打入，用拌麵器不停攪拌。

❸ 倒入 2/3 的乳酪絲、些許鹽與胡椒粉。將麵糊騰空高高舀起再舀回鍋內，好讓麵糊吃進足夠的氧氣。此道程序必須進行 5 分鐘，好讓麵糊有如非常濃稠的美乃滋醬質地。

❹ 用 1 支茶匙挖取 5 公分高的小麵糊糰，擺在烤盤上。每個麵糊糰間隔 5 公分。

在上頭加上剩餘的乳酪絲。將剩餘未用的那顆蛋黃與 3 湯匙水在一只碗中拌勻，刷塗在酥餅表面，好讓酥餅能有金黃色彩，令人胃口大開。

送入烤箱烘烤 20 ～ 25 分鐘，直到外層變得略微酥脆，內部仍然保持軟嫩。要時時注意小酥餅是否烘熟了，千萬別烘烤過頭了。

一出爐，就可食用囉。

> ### 太有風格的做法了。
> ＊一股腦兒把麵粉全倒入。
> ＊酥餅一出爐就上桌。

> ### 太糟糕的做法
> ＊拌打麵糊的時間不夠長。

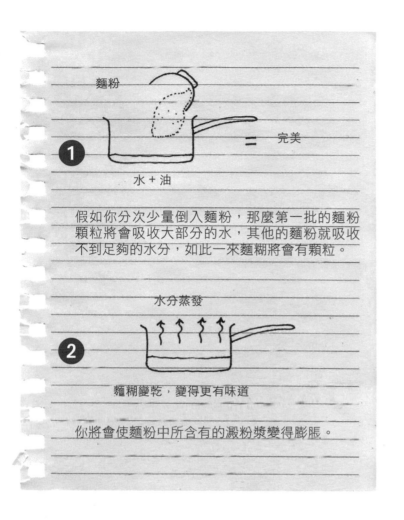

麵粉

完美

水 + 油

1

假如你分次少量倒入麵粉,那麼第一批的麵粉顆粒將會吸收大部分的水,其他的麵粉就吸收不到足夠的水分,如此一來麵糊將會有顆粒。

水分蒸發

2

麵糊變乾,變得更有味道

你將會使麵粉中所含有的澱粉漿變得膨脹。

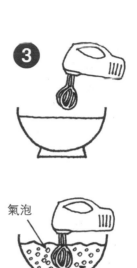

3

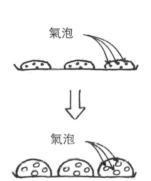

氣泡

氣泡

氣泡

氣泡

麵糊裡的氣泡愈多,酥餅就會膨脹得愈大。

 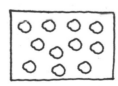 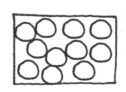

4 加熱時,酥餅將會膨脹成 2 倍大。

乳酪派

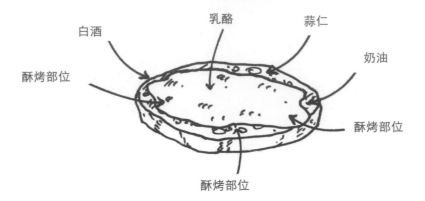

白酒

乳酪　蒜仁

奶油

酥烤部位

酥烤部位

酥烤部位

花式乳酪派

生火腿

格理稬地區特製牛肉

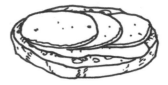

荷包蛋

蘑菇丁

洋蔥丁

瑞士阿爾卑斯山山脈
可看到的罕見蝴蝶品種

乳酪派
瑞士風味普切塔

當天氣變得乾冷時，這真的是一道非常適合冬天的料理。尤其在山上，當你從高山上滑雪馳騁而下，準備再次出發之前……但就算不滑雪，你想要熱情迎賓時，隨時都可以做這道料理來當餐前酒料理！它源自於義式普切塔餐點，是瑞士人改良後的創意料理。食用時搭配一杯優質芬達白葡萄酒吧（瑞士酒）！

---

4 人份，備料時間：15 分鐘，烹煮時間：15 分鐘

食材：厚度為 1.5 公分的鄉村麵包 8 片，高山不甜白葡萄酒 100cc，瓦福漢福堡喬乳酪（vacherin fribourgeois）或艾班諾乳酪 (appenzeller)300 公克，剝皮蒜仁 1 瓣，軟奶油、現磨白胡椒粉

做法：
以最高溫加熱烤箱上烤架。

在每塊麵包上抹上薄薄一層奶油。只要將吐司單面煎得金黃上色即可，否則吐司將會變得像餅乾一樣酥脆。放入烤箱烤 2 ～ 3 分鐘即可。

將烤箱溫度降至 200℃，在烤箱底部放上一個大底盤以預防乳酪滴落。

將蒜仁塗抹在麵包片上，再滴上幾滴白酒。將乳酪薄片擺至吐司上，送入烤箱，烘烤至乳酪融化並開始變得金黃為止。

撒點兒白胡椒粉即可上桌，這就是瑞士版的普切塔！

> **我說了算！**
> ＊吐司烤單面即可。

> **大錯特錯的做法**
> ＊使用葛律耶爾乳酪。
> ＊在乳酪派上加鹽，乳酪已夠鹹的了。

乳酪舒芙蕾

蓬鬆、蓬鬆、爽口、爽口

我不知已經聽過多少次有人這麼説：「我總是做不成舒芙蕾。」事實上，舒芙蕾真的很容易做的。在烹煮過程中，白醬與蛋白裡所蘊含的水分將會變成水蒸氣，蒸氣往上竄時，會讓舒芙蕾整個膨脹起來。再説了，這是很容易檢測的：當你切開舒芙蕾時，滿滿的蒸氣就會一湧而出。正因如此，它會馬上消風，因為蒸氣一股腦跑掉啦……

4 人份，備料時間：10 分鐘，烹煮時間：25 分鐘

食材： 儘可能選用最新鮮的有機雞蛋 6 顆，奶油 40 公克 + 抹盤用 1 湯匙，現刨康德乳酪（comté）150 公克，現磨肉豆蔻仁粉 1 小撮，熱鮮奶 300cc，麵粉 40 公克，海鹽、現磨白胡椒粉

做法：
以 180℃ 預熱烤箱，當烤箱已熱，將烤箱轉成烤架模式，加熱至最高溫。

❶ 用一只湯鍋加熱鮮奶，另取一只湯鍋以文火融化奶油。當奶油已融化，一股腦兒加入麵粉。

❷ 始終以文火攪拌烹煮 5 ～ 6 分鐘，然後再倒入熱鮮奶，充分拌勻，加入乳酪絲、現磨肉豆蔻仁粉，略微撒點兒鹽。晃動鍋子散熱，讓鍋裡溫度略降後，再加入蛋黃，蛋黃一次加兩個，分 3 次加入。

將烤盤由底部往上抹奶油，有利於舒芙蕾脫模。

❸ 將蛋白打成扎實雪霜狀，將蛋白霜放至乳酪麵糊上，輕輕攪拌，但要迅速，以免蛋白霜變塌。

❹ 當麵糊已充分攪拌，就可倒入烤盤中，放入以最高溫加熱的烤架下烘烤 2 分鐘，然後將烤箱調至 180℃，再烘烤 20 分鐘。

烤完隨即上桌，舒芙蕾可不耐等啊！

好棒！
* 將蛋白打成非常非常扎實的雪霜狀。
* 由下往上幫烤盤抹上奶油，並撒點兒麵粉。
* 將舒芙蕾上層烤出厚酥皮。

非常非常糟糕的做法
* 將蛋黃拌入溫度仍高的白醬中。
* 使用黑胡椒粉。

我知道啦……我並沒有在蛋白裡放那一小撮家喻戶曉的鹽，因為那根本沒有用啊！這是經過那些大名鼎鼎的化學家證實過的喔。又是一個早該丟的傳統做法了。

① 麵粉

奶油

假如你少量多次倒入麵粉，那麼首批麵粉將會吸收絕大部分的奶油汁液，如此一來，奶油的分量就不夠其他的麵粉使用：你將會調出顆粒狀麵糊。

② 等待白醬麵糊降溫，否則蛋黃會在熱醬中煮熟了。

③ 蛋白是不是打得夠發呢？將一顆蛋殼裝滿水，放在打發的蛋白上，假如下陷的話，就必須再用力拌打……加油喔！

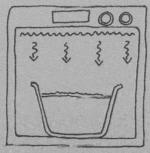

④ 為什麼一開始要用上烤架模式來烘烤呢？這是為了讓舒芙蕾上層先燒烤出一道薄薄的小酥層，這道小酥層可避免蒸氣進入，而舒芙蕾的上層也將會更平坦也更加美觀。

蒸氣

人們常說，在料理舒芙蕾的過程中，千萬不要打開烤箱門，這真的是愚蠢的說法。你是可以打開烤箱去確認烘烤狀況的，但是別打開太久就可以了。假如舒芙蕾內部的溫度往下降至100℃以下的話，原本可讓舒芙蕾上竄的水蒸氣就會轉變為水分。如此一來，舒芙蕾就會消風了。因此不要每5分鐘就打開門一次，每次更不能超過5秒鐘。這樣就行了！

烹飪過程中，麵糊的水分將會轉換成水蒸氣往上竄而讓舒芙蕾整個膨脹起來，這是很簡單的道理，不是嗎？

189

番紅花帕馬森乳酪燉飯
一道經典的義式料理！

燉飯是義式料理中的經典。就這道料理來說，我會要求你找到最優質的番紅花與帕馬森乳酪，而且千萬不要再用塊狀的高湯塊來調製高湯了，那哪能跟真正的高湯比啊？你將會發現兩者間有著非常大的差異呢。別忘了，煮燉飯時要經常攪拌，烹煮時間必須分毫不差。別放任你的燉飯在那兒孤獨燉煮著，煮這道菜是要放感情的！

---

6 人份，備料時間：10 分鐘，烹煮時間：22 ～ 23 分鐘

食材： 亞伯西歐米（arborio）300 公克，現熬或冷凍雞高湯 1.5 公升（切勿使用高湯塊調製），剝除外皮、切成極細末狀的中型洋蔥 1 顆，切成小塊狀的骨髓大骨骨髓 1 根，現磨帕馬森乳酪 50 公克，切成小丁狀的奶油 50 公克 +2 湯匙，番紅花 1 公克（或 1 份），不甜白酒 100cc，海鹽、現磨胡椒粉

做法：
❶ 烹煮前，先將大骨骨髓放至鹽水中浸漬 1 小時。

以微火加熱雞高湯，保持冒煙的溫度。

❷ 將一只平底鍋放至微火上熱鍋，放入 2 湯匙奶油後，再放入洋蔥細末與骨髓塊，加熱 5 分鐘，然後再放入米，爆炒 2 分鐘後再加入白酒，讓酒嗆鍋，完全蒸發。

倒入一大湯杓的熱高湯，小心攪拌不要停止，直到高湯完全被米粒所吸收。

❸ 再舀入另一杓高湯，持續舀湯與攪拌動作 10 ～ 12 分鐘，加入番紅花，持續一杓一杓舀入高湯，讓高湯完全被米粒吸收。烹煮時間總計約為 16 ～ 17 分鐘。

❹ 當飯已煮熟呈現乳白色，再加入切成小塊狀的奶油與帕馬森乳酪，加點兒鹽與胡椒粉，充分拌勻後，蓋上鍋蓋燜個 1 分鐘就可上桌了！

完美的做法
＊選用亞伯西歐米（arborio）或是卡納羅利米（carnaroli）圓形燉飯米，這種米是最適合用來作燉飯的。
＊緩緩加入熱高湯。
＊不斷翻攪米飯。

草率馬虎的做法
＊使用一般的米或是不黏的米。
＊把高湯一下子全倒進去。
＊把燉飯煮過頭了。

1 鹽將會吸收骨髓裡的血液。
因此，你將會有一個較為澄清的骨髓，幾乎是白色的。

酒蒸發後，留下香氣與些許的酸度，將可提高其他味道的風味層次。正因如此，我們才會在燉飯裡頭加入白酒。

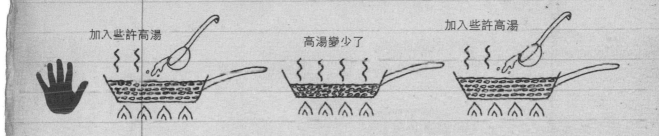

3 為什麼我們不一口氣把所有的高湯全部倒進去呢？？？因為我們若是分次少量倒入高湯，那麼蒸發的水分將會多於我們加入的。如此一來，湯汁將更為濃縮，而燉飯也會更具有風味。是的，是的，是的……

4 在靜置過程中，米粒將會吸收奶油與帕馬森乳酪的味道。

191

食譜一覽表

參考書目

"Les secrets de la casserole", Hervé This, Ed. Belin 1997

"Traité élémentaire de cuisine", Hervé This, Ed. Belin 2002

"14 types de sauce", Hervé This, Pour la science n°317 2004

"Révélations gastronomiques", Hervé This, Ed. Belin 2007

"La cuisine c'est de l'amour, de l'art, de la technique",
Hervé This-Pierre Gagnaire, Ed. Odile Jacob 2006

"Alchimistes aux fourneaux", Hervé This-Pierre Gagnaire,
Ed. Flammarion 2007

"Casseroles et éprouvettes", Hervé This,
Ed. Belin pour la science 2009

"Cours de gastronomie moléculaire n°1", Hervé This,
 Ed. Quæ Belin 2009

"Cours de gastronomie moléculaire n°2", Hervé This,
Ed. Quæ Belin 2009

"The big fat duck cook book", Heston Blumenthal,
Ed. Bloomsbury 2008

"In search of perfection", Heston Blumenthal,
Ed. Bloomsbury 2008

"Heston's fantastical feasts", Heston Blumenthal,
Ed. Bloomsbury 2010

"Le meilleur et le plus simple de Robuchon",
Joël Robuchon-Patricia Wells, ED. Robert Laffont, 1994

"Le meilleur et le plus simple de la France", Joël Robu-
chon-Christian Millau, ED. Robert Laffont, 1996

"4 saisons à la table n°5", Yannick Alléno, Ed. Glénat 2006

"Alléno, 101 créations culinaires", Yannick Alléno-Kazuko
Masui, Ed. Glénat 2009

"Le grand livre de cuisine d'Alain Ducasse", Alain Ducasse,
Ed. Alain Ducasse Formation 2005

"Le livre de l'école de cuisine Alain Ducasse", Auteurs
divers, Ed. Alain Ducasse Formation 2011

"Une journée à El Bulli", Ferran Adria, Ed. Phaidon 2009

參考書目

"Les cuissons indispensables" Guy Martin,
Ed. Minerva, 2010

"Poivres", Gérard Vives, Ed. Rouergue 2010

"Mes secrets de charcutiers", Gilles Verot,
Ed. Nicolas Chaudun, 2012

"The man who ate everything", Jeffrey Steingarten,
Ed. Schwartz & Wade Books 1999

"It must have been something I ate", Jeffrey Steingarten,
Ed. Headline 2002

"The curious cook: more kitchen science and lore",
Harold McGee, Ed. John Wiley & Sons 1992

"On food and cooking", Harold McGee, Ed. Scribner 2007

"Keys to good cooking ", Harold McGee, Ed. Hodder 2010

"Le livre d'Olivier Rœllinger", Olivier Rœllinger,
Ed. du Rouergue, 1994

"La cuisine c'est beaucoup plus que des recettes",
Alain Chapel, Ed. Robert Laffont, 1980

"Les miscellanées culinaires de Mr. Schott", Ben Schott,
Ed. Ben Schott 2007

"Le guide culinaire", Auguste Escoffier,
Ed. Flammarion 2009

"Grande cuisne traditionnelle", Escoffier,
Ed. Flammarion 1921

"Musée gourmand", Marc Meneau-Annie Caen,
Ed. Chêne 1992

"Le petit roman de la gastronomie", François Cérésa,
Ed. du Rocher 2010

"Tentations", Philippe Conticini, Ed. Marabout 2004

"Larousse gastronomique", Ed. Larousse 2007

"La bonne cuisine de Madame de Saint-Ange",
Ed. Larousse 1929

LA CUISINE,
C'EST AUSSI
DE LA CHIMIE

廚房聖經

每個廚師都該知道的知識

SAN YAU
http://www.ju-zi.com.tw
三友圖書
友直 友諒 友多聞

國家圖書館出版品預行編目 (CIP) 資料

廚房聖經：每個廚師都該知道的知識 / 亞瑟·勒·凱
斯納著；林雅芬譯 . -- 初版 . -- 臺北市：橘子文化，
2015.02
　面：　公分
譯自：La cuisine c'est aussi de la chimie
ISBN 978-986-364-048-6(平裝)

1. 食譜 2. 烹飪

427.1   104000018

作　者	亞瑟·勒·凱斯納（Arthur Le Caisne）
譯　者	林雅芬
編　輯	鍾若琦
美術設計	李怡君
發 行 人	程安琪
總 策 畫	程顯灝
總 編 輯	呂增娣
主　編	翁瑞祐、羅德禎
編　輯	鄭婷尹、邱昌昊、黃馨慧
美術主編	吳怡嫻
資深美編	劉錦堂
行銷總監	呂增慧
資深行銷	謝儀方
行銷企劃	李承恩
發 行 部	侯莉莉
財 務 部	許麗娟、陳美齡
印　務	許丁財
出 版 者	橘子文化事業有限公司
總 代 理	三友圖書有限公司
地　址	106 台北市安和路 2 段 213 號 4 樓
電　話	(02) 2377-4155
傳　真	(02) 2377-4355
E - mail	service@sanyau.com.tw
郵政劃撥	05844889 三友圖書有限公司
總 經 銷	大和書報圖書股份有限公司
地　址	新北市新莊區五工五路 2 號
電　話	(02) 8990-2588
傳　真	(02) 2299-7900
製版印刷	鴻嘉彩藝印刷股份有限公司
初　版	2015 年 2 月
一版二刷	2017 年 1 月
定　價	新臺幣 450 元
Ｉ Ｓ Ｂ Ｎ	978-986-364-048-6（平裝）